情報通信基礎

三輪 進 著

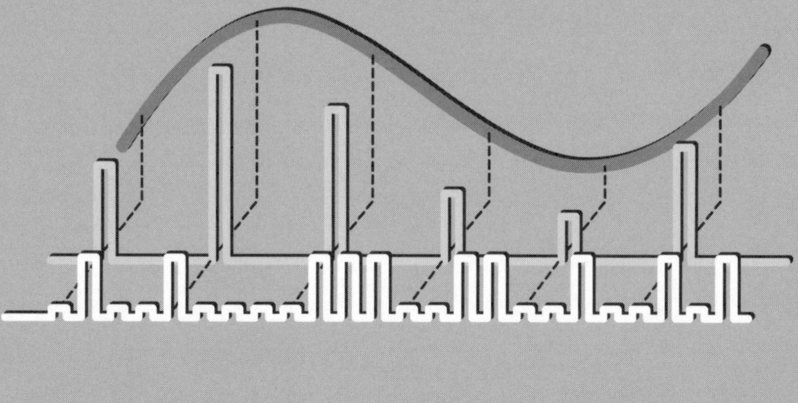

東京電機大学出版局

まえがき

「情報通信」という言葉はやや漠然としていて,「情報と通信」であったり,「情報の通信」であったりします．詳しい定義は例えば文献 [1] を参照していただきたいと思いますが，本書の意図するところは後者のほうです．

筆者はかつて，本書と同名の「情報通信基礎」という科目を学部 1 年生に対して講義したことがあります．そのときは，情報関連の先生と分担して，筆者は通信の部分を受け持ちましたので，その講義は「情報と通信の基礎」という性格のものでした．講義を行ってみて，少なくとも筆者の取り上げたような項目は，通信関連の科目を学んでいく上で役に立ったのではないかと思っています．

「情報通信」と銘打ったり冠したりしたテキストは数多く発行されていますし，それぞれがあるねらいのもとに書かれていることは当然ですが，意外に「情報の通信」の立場から書かれたテキストは少ないことがわかりました．そこで筆者の行った通信関連の基礎をもとに，情報の部分も取り込んで入門テキストを書こうと思い立ちました．

情報のどういう部分を取り上げ，どこまで論じるかについてはずいぶん悩みました．意図するところは「情報の通信」ですから，通信に関連の深い項目を選んだつもりですが，かなり独断と偏見があったかもわかりません．情報プロパーの項目，例えば，コンピュータの構成とかソフトウェアは除外しました．また,「基礎」ですから，ネットワークや機器に関する項目も取り上げていません．

情報に限らず，本書全体としてこういう項目・配列でよかったのかについては，書き上げた今も悩んでいるのが現状です．ご意見がありましたら御教示いただきたいと思っています．

本書のスタイルはこれまでの筆者の著書にならって次のようにしました．

(1) 14 回の講義回数を想定し，14 章構成とする．
(2) 1 章は 10 頁とし，概要，4 節 (2 頁/節)，問題から構成する．
(3) 節は左側に説明，右側に対応する図面，表，解説，例題等を配置する．
(4) 問題は各章の内容との関連に留意し，ヒントをつける．

章の内容と配列にはかなり迷いました．もともと，“高学年になって専門の科目を学習する上で知っておいた方が良い項目”ということを選択の基準に置いて出発したので，あまり系統だった内容や配列にはなっていません．しかし，できるだけ前の章で学んだ内容が後章の学習に役立つように考えました．おおまかに述べると次のとおりです．

第 1 章は世界統一単位 SI と直角座標・極座標の話から入ります．第 2, 3 章でベクトルおよびベクトル演算子ナブラと，直角座標における演算方法を述べます．

第 4 章では周波数と波長の関係と，通信で用いられる周波数帯を概観し，第 5 章では波形の基礎となる正弦波の性質と，正弦波のいろいろな表現法を述べます．

第 6 章では，波形の時間変化と周波数帯域幅の関係，われわれが伝達したい信号の種類と性質，アナログ信号をディジタル信号に変換する方法を述べ，第 7 章でこの信号を搬送波（高周波正弦波）に乗せる変調と，そこから信号を取り出す復調を説明します．

第 8 章では通信は勿論，他の分野でも広く用いられるデシベルを学習します．

第 9 章で集合の概念とこれと密接な関係のある確率の導入と性質，第 10 章で情報通信で重要な情報量を確率を用いて表現する方法を解説します．

第 11 章では信号と雑音の取り扱いや表現法，第 12 章で情報源の送出速度と通信路の容量の間に整合が取れていなければならないことを示します．

第 13 章ではディジタル通信において情報を符号化するための条件や効率よく符号化する方法，第 14 章では符号を誤り少なく伝送するための方策を述べます．

内容に関しては数多くの資料，書籍を参考にさせていただきました．その主なものは巻末に列挙しました．各著者に対し深く感謝申し上げます．また，巻末には，付録として，本書を利用していただくに当たり参考になると思われる事項を集めました．

本書の執筆を開始するにあたっては，内容と構成について東京電機大学出版局植村八潮課長からいろいろなアドヴァイスをいただきました．また，編集にあたっては出版局松崎真理さんに種々ご協力をいただきました．途中で中止しようかと思ったこともありましたが，お二人のご理解とご協力，その他出版局各位のご支援により出版にこぎつけることができました．

また，図面の作成，原稿のチェックなどで，工学部情報通信工学科の先生方，電波応用研究室，ワイヤレスシステム研究室の方々に御世話になりました．あわせてお礼申し上げます．

今回は筆者の直接の専門ではない情報の分野にも踏み込んで執筆しましたので，間違いや不適切な表現があるかと思います．ご指摘，ご叱正をいただければ幸いです．

2003 年 2 月

著者しるす

目　次

1 単位系と座標系

情報通信を学ぶにあたって，いろいろな物理量がでてきます．これらを取り扱う場合，単位がばらばらだと，相互の関連がわからなくなります．したがって，一定の変換ルールに基づいた単位系が必要になります．

また，情報通信に関するいろいろな法則は一般に座標系に無関係な形で表されています．しかしながら，これらの法則から発生する実際的な問題を解くにあたっては，問題に適した座標系を用いて位置関係をはっきりさせる必要があります．

本書ではまずこの 2 つを取り上げます．第 1 章では，一般に用いられる単位系と，座標系のうち最もよく用いられる直角座標系と極座標系について説明したいと思います．

(1) 単位系

(2) 2 次元座標系

(3) 3 次元座標系

(4) 答案を書くにあたって

(1) では，単位系を構成する基本的な単位と，現在世界標準となっている SI 単位系を認識していただきます．(2) では平面内の直角座標および極座標を説明し，その座標軸，基本ベクトルについて述べます．直角座標の座標軸は簡単ですが，極座標における座標軸は，点の位置により変化するので要注意です．また，基本ベクトル（軸の正方向を向き，大きさが 1 のベクトル ）は位置を表す重要なベクトルです．(3) ではこれを 3 次元に拡張した場合の直角座標および極座標について述べます．紙面では 2 次元で表さなければならないのでやや理解しにくいかと思いますが，ぜひ空間的なイメージを思い浮べる練習をしてください．(4) では，今後演習やテストで答案を書くにあたって，注意していただきたい事項を述べますので参考にしてください．

1.1　単位系

どんな物理量も，例えば，長さ 5〔m〕とか，電圧 100〔V〕等のように，数字と単位で表されます．これらの単位を一まとめにしたシステムを**単位系**といいます．単位系はできるだけ小数で，しかも実用的な**基本単位**から成り立っているものでなければなりません．

機械系では，すべての量は 3 つ（長さ，質量，時間）の基本単位で表されます．長さの単位としてメートル〔m〕，質量の単位としてキログラム〔kg〕，時間の単位として秒〔s〕が用いられます．情報通信と密接な関係がある電磁気系では，これに第 4（電流） の基本単位アンペア〔A〕が加わります．

現在，一般に用いられる単位系は **SI 単位系** (International System of Units) と呼ばれ，これら 4 つが基本単位となっている **MKSA 単位系**の一種です．

アンペアは,「真空中に 1 メートルの間隔で平行に置いた，無限に小さい円形断面積を有する無限に長い 2 本の直線状導体のそれぞれに流れ，これらの導体の長さ 1 メートルごとに 2×10^{-7} ニュートン〔N〕の力を及ぼし合う不変の電流」と規定されています．ニュートンは質量 1〔kg〕に 1〔m/s^2〕の加速度を与える力です．

電磁気系で使われる多くの単位もこれら 4 つの基本単位で表すことができます．例えば，電気量**クーロン**〔C〕はアンペア・秒〔A·s〕，電圧**ボルト**〔V〕は〔W/A〕＝〔$(kg\cdot m^2\cdot/s^3)/A$〕＝〔$(kg\cdot m^2)/(A\cdot s^3)$〕となります．

このほか，補助単位として，角度（平面角）を表す**ラジアン**〔rad〕，立体角を表す**ステラジアン**〔sr〕があります．ラジアンは半径 1 の円弧を見込む角で全周で 2π〔rad〕，ステラジアンは半径 1 の球上の面積を見込む立体的な角度で，全方向を見込む立体角は 4π〔sr〕になります．

情報の分野ではビット，バイト，ワードなどが使われます．**ビット**〔bit〕は 0 か 1 かを表す情報の最小単位，**バイト**〔byte〕は 8〔bit〕の情報を表す単位，**ワード**〔word〕は主記憶装置で記憶される情報の単位で，16〔bit〕，32〔bit〕などがあります．

電磁気学の世界には 3 つの重要な定数があります．これらは自由空間（真空）の性質に関するもので，真空中の電磁波（光を含む）速度〔c〕,真空の誘電率 ε_0，真空の透磁率 μ_0 です．

光速については古来多くの精細な測定が行われてきました．その値はほぼ，2.998×10^8〔m/s〕ですが，われわれの目的には 3×10^8〔m/s〕として何ら差し支えありません．

第 4 章でも述べますが，ε_0 および μ_0 は，それぞれ真空中における電気現象と磁気現象に関連する定数です．これらの値は使用する単位系によって異なります．SI 単位系においては，$\mu_0 = 4\pi \times 10^{-7}$〔H/m〕と決められており，この値は近似値ではありません.〔H〕はヘンリーで，インダクタンスの単位です．

3 つの定数の間には次の関係があります．

$$c = \frac{1}{\sqrt{\varepsilon_0 \mu_0}} \tag{1.1}$$

$c = 2.998 \times 10^8$〔m/s〕とすると $\varepsilon_0 \cong 8.854 \times 10^{-12}$〔F/m〕ですが，$c = 3 \times 10^8$ とすると，ε_0 は次のように表すことができます．

$$\varepsilon_0 = \frac{1}{c^2 \mu_0} \cong \frac{1}{36\pi} \times 10^{-9} \quad \text{〔F/m〕} \tag{1.2}$$

この値は近似値です.〔F〕はファラドで，キャパシタンス（容量）の単位です．

◇　真空中の定数を表すときは，ε_0，μ_0 のように 0 をつけて表します．

◇　物理量を表す場合，ε，μ のように，ギリシャ文字が多く用いられます．ギリシャ文字は付録 **A.9** に示しておきます．

3 定数をまとめると表 1.1 のようになります．

表 1.1　自由空間（真空）における 3 定数

定数	記号	値	単位
光速	c	$2.998 \times 10^8 \cong 3 \times 10^8$	〔m/s〕
透磁率	μ_0	$4\pi \times 10^{-7} \cong 1.257 \times 10^{-6}$	〔H/m〕
誘電率	ε_0	$8.854 \times 10^{-12} \cong \frac{1}{36\pi} \times 10^{-9}$	〔F/m〕

付録 **A.1** に，これから皆さんがよく使う量と単位をまとめておきます．

1.2　2 次元座標系

座標系の中で最も簡単なものは，直線上の点を表す 1 次元の座標系です．点 $P(x_1)$ は，線上の定点 O とこれからの距離 x_1 により図 1.1 のように表すことができます．

図 1.2 のように，平面内の x, y 軸で表される座標系を**直角座標系**と呼びます．

◇　**直交座標系**または**カルテシアン座標系**とも呼ばれます．

平面内の点 $P(x_1, y_1)$ の位置は $x = x_1, y = y_1$ 線の交点として表されます．この表現を用いることにより，平面内のどの点も表示することができます．

x, y 軸の正方向を向いた**単位ベクトル**（大きさ 1 のベクトル）を**基本ベクトル**と呼び，$\boldsymbol{a}_x$, $\boldsymbol{a}_y$ で表します．$\boldsymbol{a}_x$, $\boldsymbol{a}_y$ は位置によって方向が変わることはありません．また，これらは互いに直交しています．

図 1.3 のように，R, ϕ 軸で表される座標系を**極座標系**と呼びます．点 $P(R_1, \phi_1)$ は，半径 R_1 の円と，x 軸から反時計方向に角 ϕ_1 をとった線との交点として表されます．

$\overrightarrow{\mathrm{OP}}$ 方向を R 軸，点 P において円に接し，ϕ が増える方向（反時計方向）を ϕ 軸といいます．R, ϕ 軸方向の単位ベクトルは極座標系における基本ベクトルで，$\boldsymbol{a}_R$, $\boldsymbol{a}_\phi$ で表します．したがって，点の位置により軸方向も基本ベクトルの方向も変わります．

点の位置により軸方向が変わるということが，極座標をいくぶんとっつきにくいものにしていることは否めません．2 次元座標系で十分把握し，空間座標系でまごつかないようにしましょう．

ただし，極座標においても，基本ベクトルは互いに直交しています．これは円の半径方向と接線方向の関係から明らかです．

x, y と R, ϕ 間の関係は次のようになっています．

$$
\begin{aligned}
x &= R\cos\phi & \qquad R &= \sqrt{x^2+y^2} \\
y &= R\sin\phi & \qquad \phi &= \tan^{-1}(y/x) \qquad (1.3)
\end{aligned}
$$

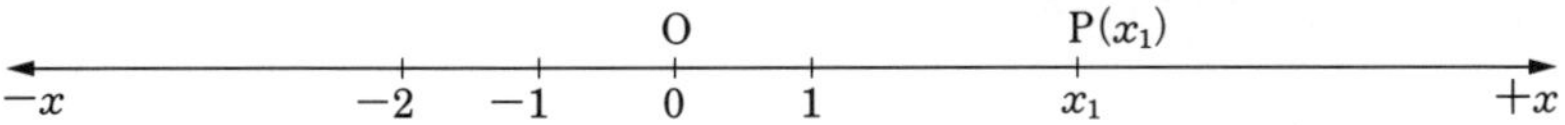

図 1.1　1 次元座標系

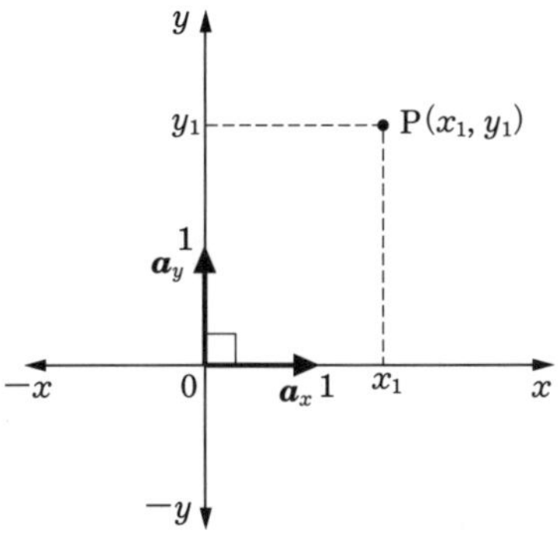

図 1.2　2 次元直角座標系

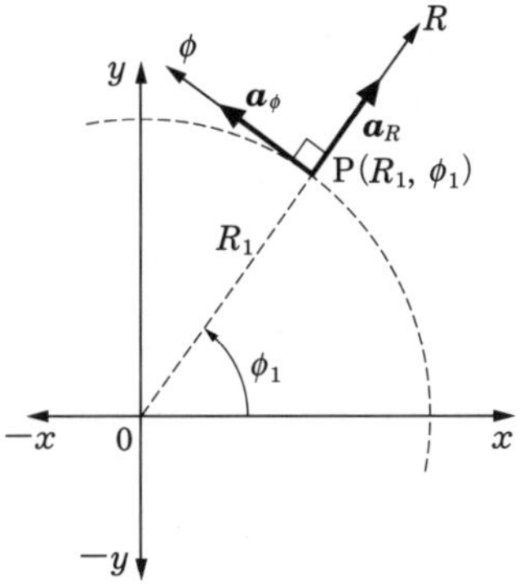

図 1.3　2 次元極座標系

§例題 1.1§　　点 P(x =4.0〔m〕, y =3.0〔m〕) および同点における基本ベクトルを 2 次元直角座標系および極座標系上に示しなさい．

†解答†

点 P を極座標で表すと，$R = \sqrt{4.0^2 + 3.0^2} = 5.0$〔m〕，$\phi = \tan^{-1}(3/4) \cong 36.9$〔度〕．結果は図 1.4 のようになります．

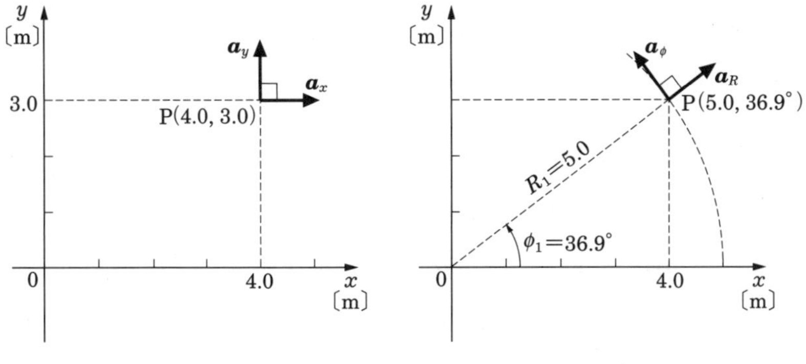

図 1.4　点 P(x =4.0〔m〕, y =3.0〔m〕) の 2 次元座標系表示

1.3　3 次元座標系

3 次元座標のうちわれわれが最もよく使うのは直角座標系ですが，場合によっては極座標系や円柱座標系も用います．ここでは，前二者について述べます．

直角座標系

図 1.5 のように，x, y, z 軸で表される座標系を直角座標系（直交座標系またはカルテシアン座標系）と呼びます．

座標系は**右手系**を用います．右手の親指の向きを x 軸，人差し指を y 軸 とすると，z 軸は中指の向きになります．すなわち，x, y, z のうち，2 つは任意に選べますが，3 つ目は自由に決めることはできません．

点 $P(x_1, y_1, z_1)$ の位置は $x = x_1, y = y_1, z = z_1$ 面の交点として表されます．これにより，空間内の任意の点を表示することができます．

直角座標系の基本ベクトルを $\boldsymbol{a}_x$, $\boldsymbol{a}_y$, $\boldsymbol{a}_z$ で表します．基本ベクトルの方向は位置によって変わることはなく，互いに直交しています．

極座標系

図 1.6 のように，R, θ, ϕ で表される座標系を**極座標系**と呼びます．

点 $P(R_1,\ \theta_1,\ \phi_1)$ は，半径 R_1 の球，半頂角 θ_1 の円錐，$x-z$ 面を y 軸方向に向かって角 ϕ_1 回転した面の交点として表されます．

基本ベクトルは R, θ, ϕ 軸方向の単位ベクトルで，$\boldsymbol{a}_R$, $\boldsymbol{a}_\theta$, $\boldsymbol{a}_\phi$ で表します．

$\boldsymbol{a}_R$ は $\overrightarrow{\mathrm{OP}}$ 方向，$\boldsymbol{a}_\theta$ は点 P における等経度線に接し，θ が増加する方向，$\boldsymbol{a}_\phi$ は 2 次元極座標系と同じで，等緯度線に接する反時計方向になります．したがって，点 P の位置により基本ベクトルの向きが変わります．ただし，これらはどの点でも互いに直交しています．

x, y, z と R, θ, ϕ 間の関係は次のようになっています．

$$
\begin{aligned}
x &= R\sin\theta\cos\phi & R &= \sqrt{x^2+y^2+z^2} \\
y &= R\sin\theta\sin\phi & \theta &= \tan^{-1}(\sqrt{x^2+y^2}/z) \\
z &= R\cos\theta & \phi &= \tan^{-1}(y/x)
\end{aligned}
\qquad (1.4)
$$

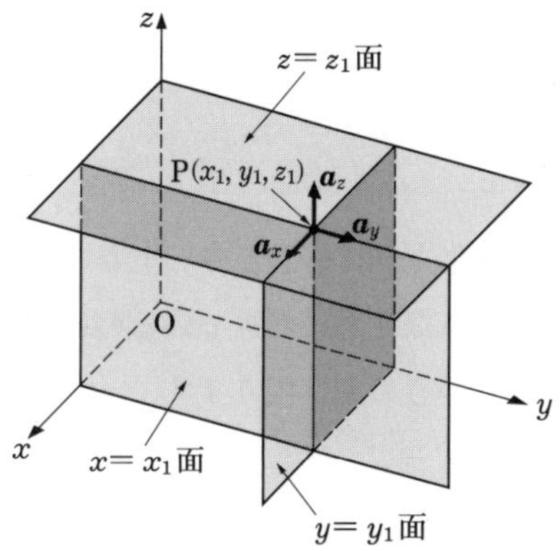

図 **1.5**　3 次元直角座標系

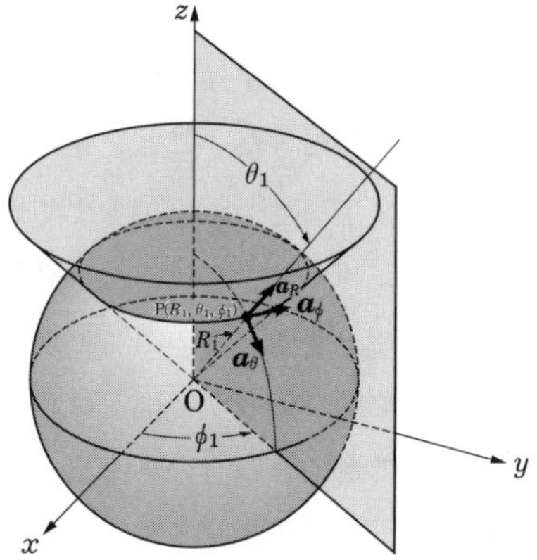

図 **1.6**　3 次元極座標系

§例題 1.2§　点 P(R =100〔m〕, θ =30〔度〕, ϕ = 60〔度〕) および点 P における基本ベクトルを図に示しなさい．

†解答†

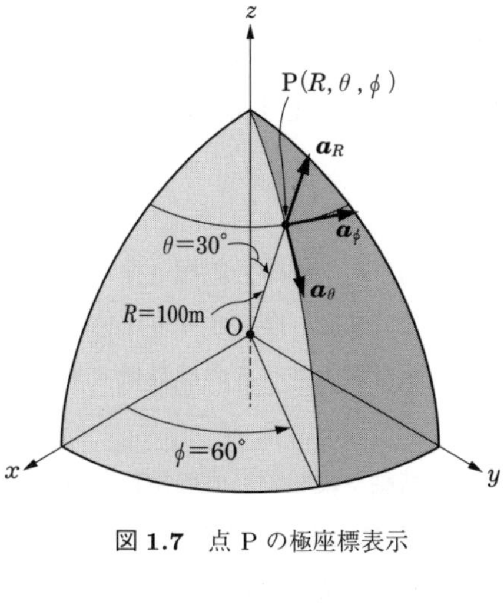

図 **1.7**　点 P の極座標表示

注意事項

x, y, z 軸を表示します．

図 1.7 のように 1/8 球を表示します．

100〔m〕は任意の長さで OK．

ϕ を 60〔度〕らしくとります．

ϕ = 60〔度〕の等経度線を描きます．

θ を 30〔度〕らしくとります．

等経度線との交点が P となります．

点 P を明示します．

R, θ, ϕ を記入します．

基本ベクトルを記入します．

1.4 答案を書くにあたって

すこし章題からはずれますが，演習であれ，テストであれ，答案作成にあたって注意していただきたいことを述べておきたいと思います．

(1) 問題の要求している事項をよく理解すること

問題によっては,「これこれを計算し，その結果を図に示しなさい」などと複数の事項を要求していることがあります．計算は完璧にできているのに図が描かれていないとか，図だけ描いてある，というのでは困ります．

(2) スペースとの兼ね合いを考えること

解答スペースが指定されている場合は，どこから説き起こしてどうまとめるか？という構想を立ててから解答することが必要です．あまりにも基本的なことから述べだして肝心の部分の説明ができなくなってはいけません．

(3) 簡潔な説明を加えること

数値を求める問題に対しても，いきなり計算式に数値を代入するのではなく，その式はどこから持ってきたのか，なぜその式を使うのか等，問題の内容に応じた簡潔な説明が必要です．

(4) 分数や平方根は小数の形で表すこと

例えば，数値を求める問題に対して $\sqrt{3}\pi/3.25$ などという答案をよくみかけますが，これではいくつなのか見当がつきません．必ず計算して 1.67 のように小数を使って答えましょう．

(5) 有効桁数に留意すること

例えば問題に 2 桁の数値が示されている場合は，答案も 2 桁（ないしは 1 桁多く 3 桁）にしましょう．1 桁では不十分ですし，多すぎても下位の数値は意味がありませんし，まして，電卓の数値を書き並べるのは最低です．

(6) 図の寸法や角度に注意すること

やむを得ずフリーハンドで図を描くとき，横軸や縦軸の目盛の数値と目盛間の間隔をあわせ，角度はできるだけその角度に見えるように描きましょう．60〔deg〕を描くのに 30〔deg〕にしか見えない答案がよくあります．

それでは，例題によって説明しましょう．

§ 例題 1.3§　極座標における点 P(R =6.0〔m〕, θ =80〔deg〕, ϕ = 60〔deg〕) の直角座標成分を求め，直角座標における点 P および点 P における単位ベクトルを図示しなさい．

† 解答 †

極座標成分から直角座標を求めるには，式 (1.4) を用いて，

$$x = 6.0\sin\ 80^\circ \cos\ 60^\circ \cong 6.0 \times 0.985 \times 0.500 \cong 3.0〔m〕$$

$$y = 6.0\sin\ 80^\circ \sin\ 60^\circ \cong 6.0 \times 0.985 \times 0.866 \cong 5.1〔m〕$$

$$z = 6.0\cos\ 80^\circ \cong 6.0 \times 0.174 \cong 1.0〔m〕$$

したがって，直角座標における点 P(x, y, z) の成分は，$x = 3.0$〔m〕，$y = 5.1$〔m〕，$z = 1.0$〔m〕になります．これを図示すると図 1.8 のようになります．

直角座標における基本ベクトルは点の位置にかかわらず，x, y, z 軸方向を向いた長さ 1〔m〕のベクトル $\boldsymbol{a}_x$，$\boldsymbol{a}_y$，$\boldsymbol{a}_z$ です．これを図 1.8 に書き加えます．

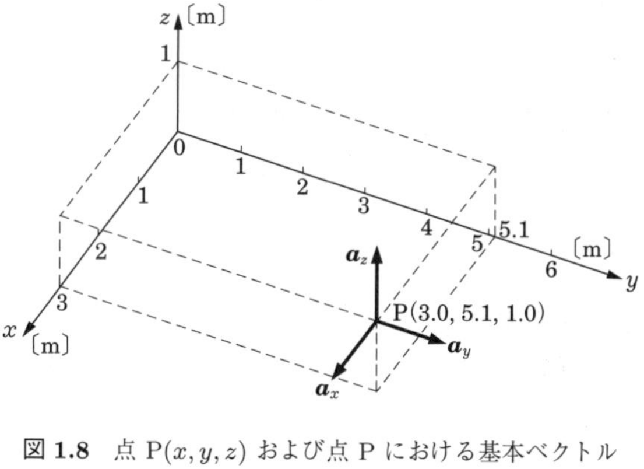

図 1.8　点 P(x, y, z) および点 P における基本ベクトル

◇　解説

まず式の出所を述べています．計算の途中は 3 桁以上で行い，最後に 4 捨 5 入して 2 桁にしています．この結果を用いて図を描きます．各軸の目盛は等間隔にとります．基本ベクトルの記入と簡単な説明も忘れないように！

章末問題 1

1　次の量を，その右に書いた単位に変換して示しなさい．

(1) 1〔m^3〕　〔mm^3〕　(2) 15〔°C〕　〔K〕

(3) 1〔Kcal〕　〔J〕　(4) 1〔光年〕　〔m〕

(5) 1〔MW〕　〔pW〕　(6) $\sqrt{\frac{\mu_0}{\varepsilon_0}}$〔$(H/F)^{1/2}$〕　〔Ω〕

2　点 P($x = -3.0$〔m〕, $y = -2.0$〔m〕) および同点における基本ベクトルを 2 次元直角座標系および 2 次元極座標系上に示しなさい．

3　3 次元直角座標系において，下図 (a) (b) (c) のように 2 つの軸の正方向を定めたとき，残りの軸の正方向を示しなさい．

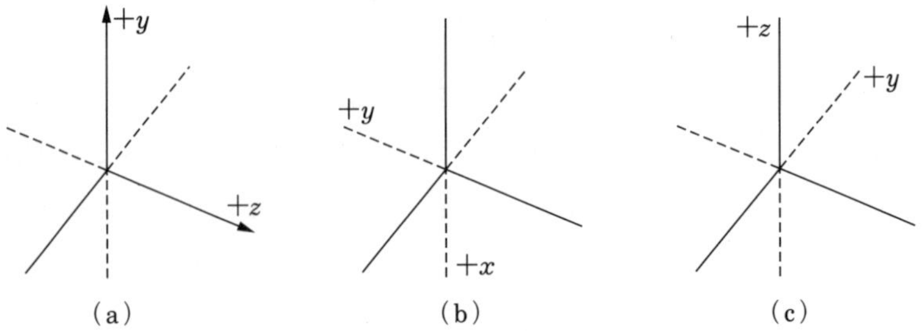

4　点 P(x =3.0, y =4.0, z =2.0) および点 P における基本ベクトルを 3 次元直角座標系および 3 次元極座標系上に図示しなさい．

†ヒント†

1　付録 **A.1, A.8** 参照．
(6)〔H〕=〔Wb/A〕=〔V s/A〕,〔F〕=〔C/V〕=〔A s/V〕.

2　x, y の値が負であることに注意．

3　右手系をしっかり理解しましょう．

4　図 1.5 は説明のための図です．直角座標系は図 1.8 を用いましょう．
極座標系は 7 ページの例題を参考にして描いてください．

2 ベクトル演算

長さ，質量，時間などのように，その値が大きさだけで決まる量を**スカラ**といいます．これに対して力，速度，加速度などのように，その値が大きさと方向（向きも同義）によって決まる量を**ベクトル**といいます．

スカラを表すには，通常の英字（A, B など）やギリシャ字（α, β など）を用いますが，ベクトルでは主として，肉太の英字（$\boldsymbol{A}$, $\boldsymbol{B}$ など）を用います．ベクトルの大きさを絶対値ともいい，これはスカラ量で，$|\boldsymbol{A}|$ または A と表します．

ベクトル $\boldsymbol{A}$ と方向が同じで，絶対値が 1 であるようなベクトル $\boldsymbol{a}$ を $\boldsymbol{A}$ の単位ベクトルといいます．これらの関係は $\boldsymbol{a} = \boldsymbol{A}/A$, $\boldsymbol{A} = \boldsymbol{a}A$ と表されます．

座標軸方向の単位ベクトルを基本ベクトルといい，直角座標系では x, y, z 方向の $\boldsymbol{a}_x$, $\boldsymbol{a}_y$, $\boldsymbol{a}_z$ で表すことは第 1 章で述べたとおりです．

スカラ c とベクトル $\boldsymbol{A}$ の積は $c\boldsymbol{A}$ と書き，大きさが $|c|A$，方向が $c > 0$ のときは $\boldsymbol{A}$ と同じ，$c < 0$ のときは $\boldsymbol{A}$ と反対のベクトルになります．

本章では，これらのベクトルに関する基礎知識はすでにあるものとして，次の項目について説明します．

(1) ベクトルの加減算

(2) ベクトルの乗除算

(3) 直角座標表示による演算

(1) ではベクトルの図示，ベクトル加減算の図による解法，直角座標を用いた加減算と，図による解法との関係を述べます．(2) ではベクトルの乗算に特有なスカラ積とベクトル積について説明します．(3) では，ベクトルを 3 次元直角座標成分で表示した場合，スカラ積，ベクトル積がどのように表現されるか，直角座標系内の任意の 1 点をベクトル表示する位置ベクトル，直角座標の回転に伴う座標変換を明らかにします．

2.1 ベクトルの加減算

ベクトル $\boldsymbol{A}$ を図示するには，図 2.1 のように任意の点 O をとり，$\boldsymbol{A}$ の方向に線分 OA を引いて，その長さを $\boldsymbol{A}$ の大きさにとり，矢印を $\boldsymbol{A}$ の方向になるようにつけます．単位ベクトル $\boldsymbol{a}$ は $\boldsymbol{A}$ と同方向で大きさ 1 のベクトルとして表されます．$\boldsymbol{A}$ と $\boldsymbol{B}$ の大きさと方向が等しいとき，$\boldsymbol{A} = \boldsymbol{B}$ といいます．したがって，$\boldsymbol{A}$ を平行移動して，$\boldsymbol{B}$ に重なれば両者は等しいとみなします．

$\boldsymbol{A}$ と $\boldsymbol{B}$ の和 $\boldsymbol{C} = \boldsymbol{A} + \boldsymbol{B}$ は，図 2.2 のように，**平行四辺形法**または**三角法**で求められます．

$\boldsymbol{B}$ と大きさが同じで方向が反対のベクトルを $-\boldsymbol{B}$ と表します．$\boldsymbol{A}$ と $-\boldsymbol{B}$ の和を $\boldsymbol{A}$ と $\boldsymbol{B}$ の差といい，$\boldsymbol{A} - \boldsymbol{B}$ で表し，図 2.3 のように求めることができます．または，$\boldsymbol{B}$ の先端から $\boldsymbol{A}$ の先端にベクトルを引いても同じです．

加減算のときは，順序を変えても結果は同じで，$\boldsymbol{A} \pm \boldsymbol{B} = \pm\boldsymbol{B} + \boldsymbol{A}$ となります．

図 2.4 のような 2 次元直角座標内のベクトル $\boldsymbol{A}, \boldsymbol{B}$ は，それぞれ，$\boldsymbol{A} = \boldsymbol{a}_x A_x + \boldsymbol{a}_y A_y$，$\boldsymbol{B} = \boldsymbol{a}_x B_x + \boldsymbol{a}_y B_y$ と表すことができます．$\boldsymbol{A}$ と $\boldsymbol{B}$ の和，差は次のようになります．

$$\begin{aligned} \boldsymbol{A} \pm \boldsymbol{B} &= (\boldsymbol{a}_x A_x + \boldsymbol{a}_y A_y) \pm (\boldsymbol{a}_x B_x + \boldsymbol{a}_y B_y) \\ &= \boldsymbol{a}_x (A_x \pm B_x) + \boldsymbol{a}_y (A_y \pm B_y) \end{aligned} \qquad (2.1)$$

この演算結果は，次ページの例題に示すように，平行四辺形法で作図したベクトル和または差と容易に比較することができます．

2 次元の結果は 3 次元へも容易に拡張できます．すなわち，ベクトル $\boldsymbol{A}$, $\boldsymbol{B}$ をそれぞれ $\boldsymbol{A} = \boldsymbol{a}_x A_x + \boldsymbol{a}_y A_y + \boldsymbol{a}_z A_z$，$\boldsymbol{B} = \boldsymbol{a}_x B_x + \boldsymbol{a}_y B_y + \boldsymbol{a}_z B_z$ とすると，$\boldsymbol{A}$ と $\boldsymbol{B}$ の和は次のようになります．

$$\begin{aligned} \boldsymbol{A} \pm \boldsymbol{B} &= (\boldsymbol{a}_x A_x + \boldsymbol{a}_y A_y + \boldsymbol{a}_z A_z) \pm (\boldsymbol{a}_x B_x + \boldsymbol{a}_y B_y + \boldsymbol{a}_z B_z) \\ &= \boldsymbol{a}_x (A_x \pm B_x) + \boldsymbol{a}_y (A_y \pm B_y) + \boldsymbol{a}_z (A_z \pm B_z) \end{aligned} \qquad (2.2)$$

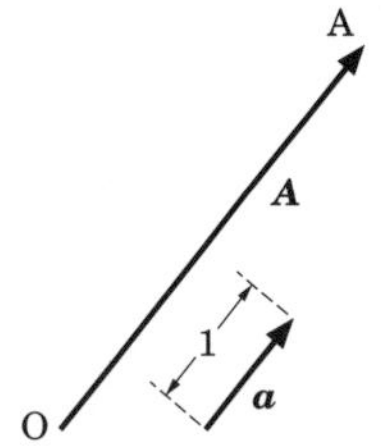

図 **2.1**　ベクトルの表示

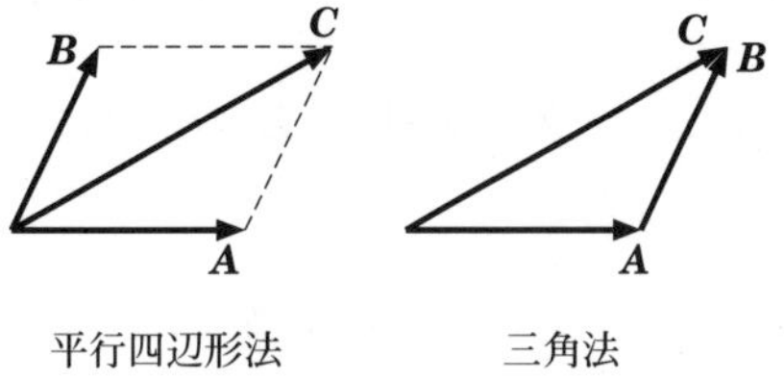

図 **2.2**　ベクトルの和

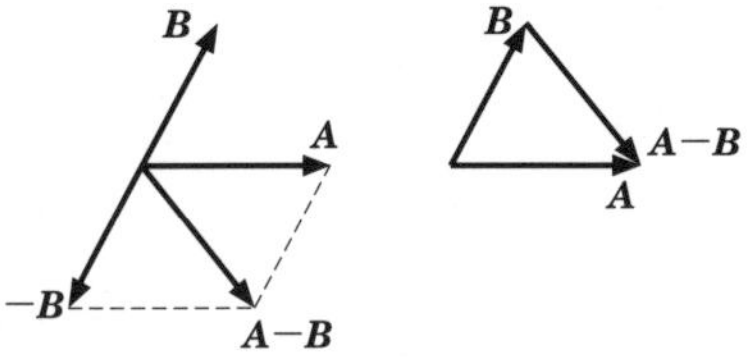

図 **2.3**　ベクトルの差

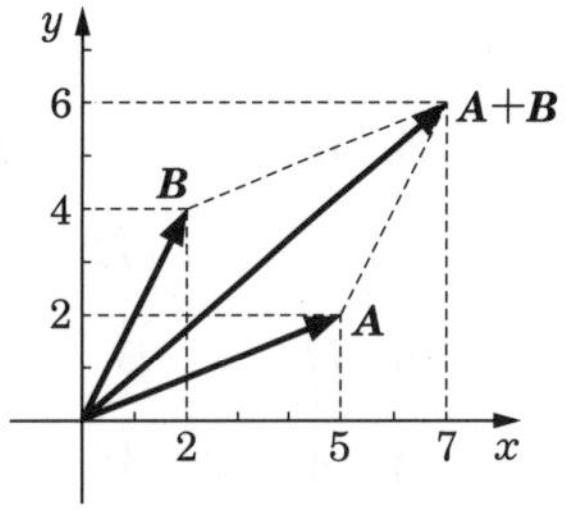

図 **2.4**　2 次元ベクトル和

§ 例題 2.1§　$\boldsymbol{A} = 2\boldsymbol{a}_x + \boldsymbol{a}_y$, $\boldsymbol{B} = \boldsymbol{a}_x - 3\boldsymbol{a}_y$ のとき，$\boldsymbol{A}$, $\boldsymbol{B}$, $\boldsymbol{A}+\boldsymbol{B}$, $\boldsymbol{A}-\boldsymbol{B}$ を平行四辺形法を用いて $x-y$ 面上に図示し，演算結果と比較しなさい．

† 解答 †

$\boldsymbol{A}$, $\boldsymbol{B}$ および平行四辺形法による作図結果は図 2.5 のとおり．

演算結果は，

$$\boldsymbol{A}+\boldsymbol{B} = 3\boldsymbol{a}_x - 2\boldsymbol{a}_y$$

$$\boldsymbol{A}-\boldsymbol{B} = \boldsymbol{a}_x + 4\boldsymbol{a}_y$$

となり，これをプロットすると作図結果と一致します．

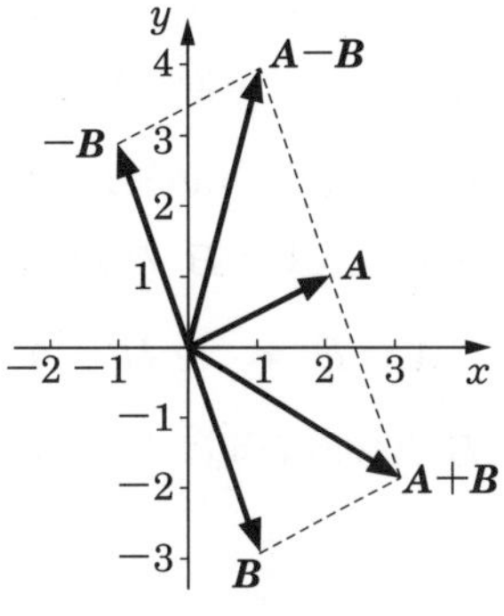

図 **2.5**　例題の解答図

2.2　ベクトルの乗除算

乗算：　ベクトル $\boldsymbol{A}$ と $\boldsymbol{B}$ の乗算には**スカラ積**と**ベクトル積**があります．

(1) スカラ積

スカラ積は $\boldsymbol{A}\cdot\boldsymbol{B}$ と表し，その結果はスカラ量で，次式で表されます．

$$\boldsymbol{A}\cdot\boldsymbol{B} = \boldsymbol{B}\cdot\boldsymbol{A} = AB\cos\theta \tag{2.3}$$

ここに，θ はベクトル $\boldsymbol{A}$ と $\boldsymbol{B}$ 間の角度で $0 \leq \theta < \pi$ です．これから，次の関係が成り立つことがわかります．図 2.6 を参照してください．

$$\begin{aligned}\boldsymbol{A}\cdot\boldsymbol{B} &= (\boldsymbol{A}\text{ の }\boldsymbol{B}\text{ 方向成分の大きさ}) \times B \\ &= (\boldsymbol{B}\text{ の }\boldsymbol{A}\text{ 方向成分の大きさ}) \times A \end{aligned} \tag{2.4}$$

$$\boldsymbol{A}\cdot\boldsymbol{B} = \boldsymbol{B}\cdot\boldsymbol{A} \tag{2.5}$$

$$\boldsymbol{A}\cdot\boldsymbol{A} = \boldsymbol{A}^2 = A^2 \tag{2.6}$$

(2) ベクトル積

ベクトル積は $\boldsymbol{A}\times\boldsymbol{B}$ と表し，その結果はベクトル量で，その大きさおよび方向は次のように表されます．これを図示すると図 2.7 のようになります．

$$\text{大きさ} : |\boldsymbol{A}\times\boldsymbol{B}| = AB\sin\theta = \text{平行四辺形の面積} \tag{2.7}$$

方向　：$\boldsymbol{A}$と$\boldsymbol{B}$を含む面に垂直で,$\boldsymbol{A}$から$\boldsymbol{B}$に右ネジを回したときにねじが進む方向　(2.8)

◇　右ネジは π〔rad〕以下になる向きに回します．

したがって，$\boldsymbol{A}\times\boldsymbol{B}$ の順序を変えると結果が変わってきます．

$$\boldsymbol{A}\times\boldsymbol{B} = -\boldsymbol{B}\times\boldsymbol{A} \tag{2.9}$$

◇ $\boldsymbol{AB}$ という表現は意味がありません．

除算

ベクトルによる割り算は定義されていません！

したがって，$\boldsymbol{A}/\boldsymbol{B}$ という演算はありません．

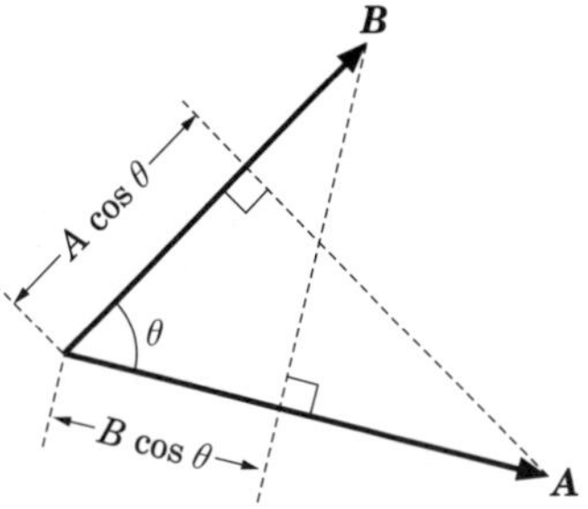

図 **2.6**　スカラ積

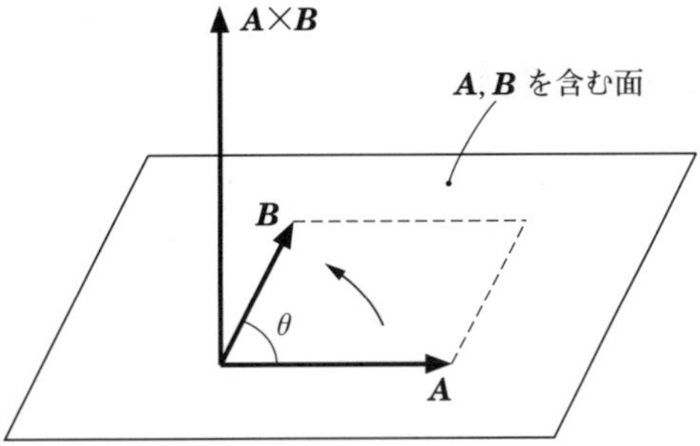

図 **2.7**　ベクトル積

§例題 **2.2**§　$|\boldsymbol{A}| = 8.0$, $|\boldsymbol{B}| = 4.0$ で，$\boldsymbol{A}$, $\boldsymbol{B}$ 間の角度が 30〔deg〕であるとき，$\boldsymbol{A} \cdot \boldsymbol{B}$, $\boldsymbol{A} \times \boldsymbol{B}$ を求めなさい．

†解答†

$\boldsymbol{A} \cdot \boldsymbol{B} \;=\; 8 \times 4 \times \cos 30° \;=\; 32 \times 0.866 \;=\; 27.7$

$\boldsymbol{A} \times \boldsymbol{B}$ の大きさ $=\; 8 \times 4 \times \sin 30° \;=\; 16.0$

方向は $\boldsymbol{A}$ から $\boldsymbol{B}$ の方向に右ねじを回したとき，ねじの進む方向．

§例題 **2.3**§　図 2.8 において，$C \;=\; \sqrt{A^2 + B^2 - 2AB\cos\alpha}$ であることを証明しなさい．

†解答†

各辺をベクトルで表すと $\boldsymbol{C} \;=\; \boldsymbol{A} + \boldsymbol{B}$.

$$\begin{aligned}\boldsymbol{C} \cdot \boldsymbol{C} \;&=\; (\boldsymbol{A} + \boldsymbol{B}) \cdot (\boldsymbol{A} + \boldsymbol{B}) \\ &=\; \boldsymbol{A} \cdot \boldsymbol{A} + \boldsymbol{B} \cdot \boldsymbol{B} + 2\boldsymbol{A} \cdot \boldsymbol{B}\end{aligned}$$

$\boldsymbol{C} \cdot \boldsymbol{C} \;=\; C^2$, $\boldsymbol{A} \cdot \boldsymbol{A} \;=\; A^2$, $\boldsymbol{B} \cdot \boldsymbol{B} \;=\; B^2$, $2\boldsymbol{A} \cdot \boldsymbol{B} = 2AB\cos\theta_{AB} \;=\; -2AB\cos\alpha$ ですから，$C^2 \;=\; A^2 + B^2 - 2AB\cos\alpha$

これから題意の式を得ます．

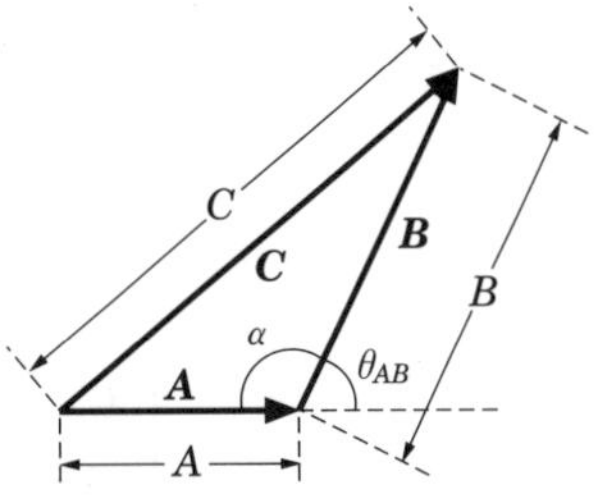

図 **2.8**　例題の説明図

2.3 直角座標表示による演算

2.3.1 乗算

直角座標系における加減算は第 1 節で学びましたので，本節では乗算について述べます.

まず，基本ベクトルの乗算を考えます．例えば，$\boldsymbol{a}_x \cdot \boldsymbol{a}_x = 1 \times 1 \cos 0^\circ = 1$ となります．$\boldsymbol{a}_x \times \boldsymbol{a}_y$ を考えると，大きさは 1 で $+z$ 方向を向いたベクトルになります（図 2.7 参照）から $\boldsymbol{a}_z$ となります．同様にして次の結果を得ます.

$$\boldsymbol{a}_x \cdot \boldsymbol{a}_x = \boldsymbol{a}_y \cdot \boldsymbol{a}_y = \boldsymbol{a}_z \cdot \boldsymbol{a}_z = 1 \tag{2.10}$$

$$\boldsymbol{a}_x \cdot \boldsymbol{a}_y = \boldsymbol{a}_y \cdot \boldsymbol{a}_z = \boldsymbol{a}_z \cdot \boldsymbol{a}_x = 0 \tag{2.11}$$

$$\boldsymbol{a}_x \times \boldsymbol{a}_x = \boldsymbol{a}_y \times \boldsymbol{a}_y = \boldsymbol{a}_z \times \boldsymbol{a}_z = 0 \tag{2.12}$$

$$\boldsymbol{a}_x \times \boldsymbol{a}_y = \boldsymbol{a}_z, \quad \boldsymbol{a}_y \times \boldsymbol{a}_z = \boldsymbol{a}_x, \quad \boldsymbol{a}_z \times \boldsymbol{a}_x = \boldsymbol{a}_y \tag{2.13}$$

任意のベクトル $\boldsymbol{A}$ の x, y, z 成分を A_x, A_y, A_z とすると，$\boldsymbol{A}$ は $\boldsymbol{A} = \boldsymbol{a}_x A_x + \boldsymbol{a}_y A_y + \boldsymbol{a}_z A_z$ と表すことができます．ベクトル $\boldsymbol{B}$ についても同様です.

このような表現をした場合のスカラ積は，上に述べた単位ベクトルのスカラ積の関係を用いると，次のようになります.

$$\begin{aligned} \boldsymbol{A} \cdot \boldsymbol{B} &= (\boldsymbol{a}_x A_x + \boldsymbol{a}_y A_y + \boldsymbol{a}_z A_z) \cdot (\boldsymbol{a}_x B_x + \boldsymbol{a}_y B_y + \boldsymbol{a}_z B_z) \\ &= A_x B_x + A_y B_y + A_z B_z \end{aligned} \tag{2.14}$$

同様にベクトル積は次のように表されます.

$$\begin{aligned} \boldsymbol{A} \times \boldsymbol{B} &= (\boldsymbol{a}_x A_x + \boldsymbol{a}_y A_y + \boldsymbol{a}_z A_z) \times (\boldsymbol{a}_x B_x + \boldsymbol{a}_y B_y + \boldsymbol{a}_z B_z) \\ &= \boldsymbol{a}_x (A_y B_z - A_z B_y) + \boldsymbol{a}_y (A_z B_x - A_x B_z) + \\ &\quad \boldsymbol{a}_z (A_x B_y - A_y B_x) \qquad (2.15) \\ &= \begin{vmatrix} \boldsymbol{a}_x & \boldsymbol{a}_y & \boldsymbol{a}_z \\ A_x & A_y & A_z \\ B_x & B_y & B_z \end{vmatrix} \qquad (2.16) \end{aligned}$$

◇　式 (2.15) より式 (2.16) の形の方が覚えやすいでしょう.

§例題 2.4§　ベクトル $\boldsymbol{A}, \boldsymbol{B}$ が，それぞれ $\boldsymbol{A} = \boldsymbol{a}_x - 2\boldsymbol{a}_y + 3\boldsymbol{a}_z$，$\boldsymbol{B} = \boldsymbol{a}_x + \boldsymbol{a}_y - 2\boldsymbol{a}_z$ で表されるとき，次の値を求めなさい．

(1) $\boldsymbol{A} \cdot \boldsymbol{B}$　　(2) $\boldsymbol{A} \times \boldsymbol{B}$

(3) $\boldsymbol{A}$，$\boldsymbol{B}$ 間の角度 θ_{AB}　　(4) $\boldsymbol{A}$ の $\boldsymbol{B}$ 方向の大きさ A_B

†解答†

(1) (2) $\boldsymbol{A} \cdot \boldsymbol{B}$，$\boldsymbol{A} \times \boldsymbol{B}$ は次のように求められます．

$$\boldsymbol{A} \cdot \boldsymbol{B} = (1 \times 1) + (-2 \times 1) + (-3 \times 2) = -7$$

$$\begin{aligned}\boldsymbol{A} \times \boldsymbol{B} &= \begin{vmatrix} \boldsymbol{a}_x & \boldsymbol{a}_y & \boldsymbol{a}_z \\ 1 & -2 & 3 \\ 1 & 1 & -2 \end{vmatrix} = \boldsymbol{a}_x\{(-2 \times -2) - (1 \times 3)\} \\ &+ \boldsymbol{a}_y\{3 \times 1 - (1 \times -2)\} + \boldsymbol{a}_z\{(1 \times 1 - (-2 \times 1)\} \\ &= \boldsymbol{a}_x + 5\boldsymbol{a}_y + 3\boldsymbol{a}_z\end{aligned}$$

(3) $\boldsymbol{A} \cdot \boldsymbol{B} = AB\cos\theta_{AB}$ を用います．

$$A = \sqrt{1^2 + 2^2 + 3^2} = \sqrt{14}, \qquad B = \sqrt{6}$$

$$AB\cos\theta_{AB} = \sqrt{84}\cos\theta_{AB} = -7 \quad \text{ですから}$$

$$\theta_{AB} = \frac{-7}{\sqrt{84}} \cong 139.8 \,\text{〔deg〕}$$

(4) $\boldsymbol{A}$ の $\boldsymbol{B}$ 方向の大きさ

$$A_B = A\cos\theta_{AB} = \sqrt{14} \cdot \frac{-7}{\sqrt{84}} \cong -2.86$$

§例題 2.5§　$\boldsymbol{A} = 5\boldsymbol{a}_x - 2\boldsymbol{a}_y + \boldsymbol{a}_z$ であるとき，このベクトルに垂直で，$x-y$ 面内にある単位ベクトル $\boldsymbol{b}$ を求めなさい．

†解答†

$\boldsymbol{A}$ と $\boldsymbol{b}$ は垂直だから，$\boldsymbol{A} \cdot \boldsymbol{b} = 0$．また，$x - y$ 面内にあるから $b_z = 0$．
したがって，$5b_x - 2b_y = 0$．$\boldsymbol{b}$ は単位ベクトルだから，$b_x^2 + b_y^2 = 1$．
両式から，$b_x = 2/\sqrt{29} \cong 0.186 \times 2 = 0.371$　$b_y = 0.186 \times 5 \cong 0.928$
これから，$\boldsymbol{b} \cong 0.186(2\boldsymbol{a}_x + 5\boldsymbol{a}_y) \cong 0.371\boldsymbol{a}_x + 0.928\boldsymbol{a}_y$

2.3.2 位置ベクトル

空間内の点 P の位置は原点から点 P へのベクトルで表示することができ，このように表現したベクトルを**位置ベクトル**と呼びます．位置ベクトルを用いることにより，式の表現が簡単になったり，演算をする場合便利になったりします．

まず，2 次元直角座標系で説明しましょう．図 2.9 において，点 $\mathrm{P}(x_1,\ y_1)$ を表すのに原点からのベクトル $\overrightarrow{\mathrm{OP}}$ を用います．このベクトルは x 軸方向のベクトル $\overrightarrow{\mathrm{OP}_x}$ と y 軸方向のベクトル $\overrightarrow{\mathrm{OP}_y}$ の和として表されます．

基本ベクトル $\boldsymbol{a}_x$, $\boldsymbol{a}_y$ を用いて表すと，$\overrightarrow{\mathrm{OP}_x} = \boldsymbol{a}_x x_1$，$\overrightarrow{\mathrm{OP}_y} = \boldsymbol{a}_y y_1$ ですから，点 P のベクトル表示は次のようになります．

$$\overrightarrow{\mathrm{OP}} = \boldsymbol{a}_x x_1 + \boldsymbol{a}_y y_1 \tag{2.17}$$

次にこれを 3 次元に拡張してみましょう．点 $\mathrm{P}(x_1,\ y_1,\ z_1)$ を図示すると，図 2.10 のように立方体の頂点として表すことができます．これを原点からのベクトル $\overrightarrow{\mathrm{OP}}$ で表すと，このベクトルは x 軸，y 軸，および z 軸方向のベクトル $\overrightarrow{\mathrm{OP}_x}$，$\overrightarrow{\mathrm{OP}_y}$ および $\overrightarrow{\mathrm{OP}_z}$ の和として表されます．

基本ベクトル $\boldsymbol{a}_x$, $\boldsymbol{a}_y$, $\boldsymbol{a}_y$ を用いて表すと，$\overrightarrow{\mathrm{OP}_x} = \boldsymbol{a}_x x_1$，$\overrightarrow{\mathrm{OP}_y} = \boldsymbol{a}_y y_1$，$\overrightarrow{\mathrm{OP}_z} = \boldsymbol{a}_z z_1$ ですから，点 P のベクトル表示は次のようになります．

$$\overrightarrow{\mathrm{OP}} = \boldsymbol{a}_x x_1 + \boldsymbol{a}_y y_1 + \boldsymbol{a}_z z_1 \tag{2.18}$$

2.3.3 直角座標系の回転

図 2.12 において，2 次元直角座標系の x, y 軸を角 α だけ回転して新しい直角軸 X, Y 軸を得たとします．X, Y を x, y により表すには，図のような補助線を入れて考えれば次のようになることがわかります．

$$X = x\cos\alpha + y\sin\alpha \tag{2.19}$$

$$Y = -x\sin\alpha + y\cos\alpha \tag{2.20}$$

3 次元座標系における回転公式もありますが，ここでは省略します．

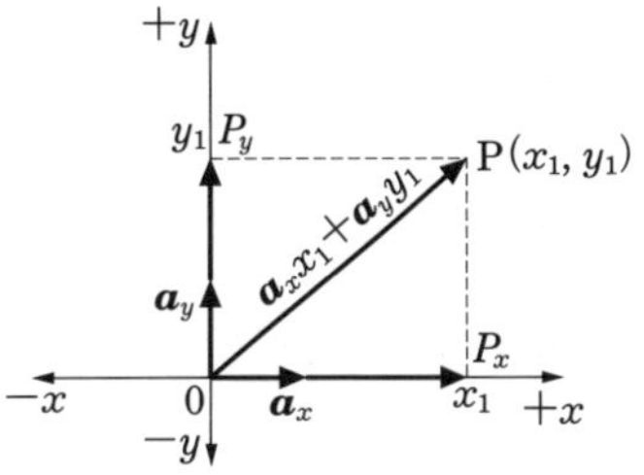

図 **2.9**　2 次元位置ベクトル

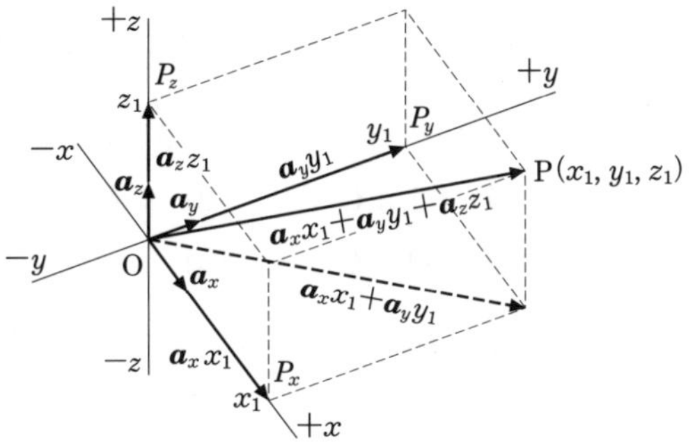

図 **2.10**　3 次元位置ベクトル

§ 例題 2.6§　点 $P_1(1,\ 3,\ 2)$ から点 $P_2(3,\ -2,\ 4)$ に向かうベクトルを描き，その式を示しなさい．また，このベクトルの長さはいくらになりますか？

† 解答 †

ベクトルを描くと図 2.11 のようになります．

ベクトル式およびベクトルの長さは，

$$\overrightarrow{P_1P_2} = \overrightarrow{OP_2} - \overrightarrow{OP_1} = (3\boldsymbol{a}_x - 2\boldsymbol{a}_y + 4\boldsymbol{a}_z) - (\boldsymbol{a}_x + 3\boldsymbol{a}_y + 2\boldsymbol{a}_z)$$

$$= 2\boldsymbol{a}_x - 5\boldsymbol{a}_y + 2\boldsymbol{a}_z$$

$$\overline{P_1P_2} = \sqrt{2^2 + (-5^2) + 2^2} \cong 5.74$$

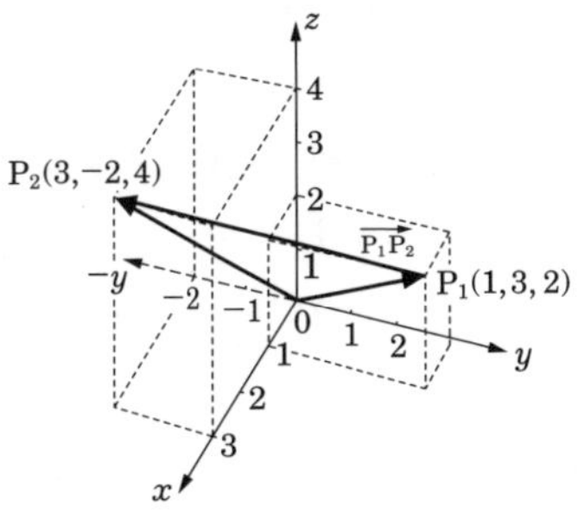

図 **2.11**　例題解答図

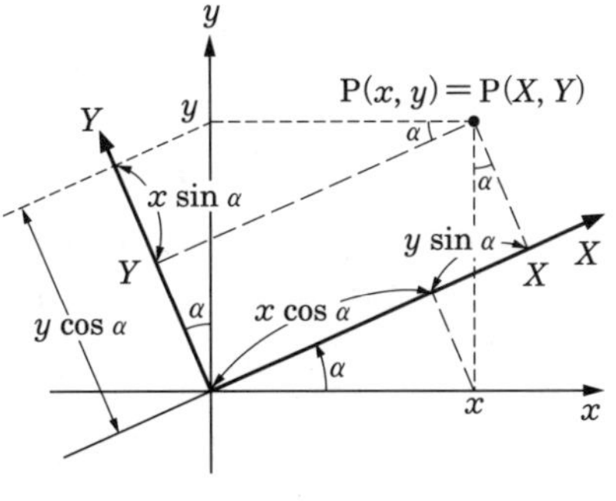

図 **2.12**　直角座標系の回転

章末問題 2

1 $\boldsymbol{A} = 3\boldsymbol{a}_x + 2\boldsymbol{a}_y$, $\boldsymbol{B} = -\boldsymbol{a}_x - 3\boldsymbol{a}_y$ のとき，$\boldsymbol{A}+\boldsymbol{B}$, $\boldsymbol{A}-\boldsymbol{B}$ を平行四辺形法を用いて $x-y$ 面上に図示し，計算結果と比較しなさい．

2 次の演算のうち，意味をなさない表現はどれですか？

(1) $(\boldsymbol{A}\cdot\boldsymbol{B})\times\boldsymbol{C}$　(2) $\boldsymbol{A}(\boldsymbol{B}\cdot\boldsymbol{C})$　(3) $(\boldsymbol{A}\cdot\boldsymbol{B})\cdot\boldsymbol{C}$

(4) $(\boldsymbol{A}\times\boldsymbol{B})\cdot\boldsymbol{C}$　(5) $\boldsymbol{A}\times\boldsymbol{B}\times\boldsymbol{C}$　(6) $\boldsymbol{A}/\boldsymbol{a}_A$

3 $\boldsymbol{C}\cdot(\boldsymbol{A}\times\boldsymbol{B})$ を各ベクトルの 3 次元直角座標成分を用いて計算しなさい．また，これを行列式で表しなさい．

4 $\boldsymbol{A}\cdot\boldsymbol{B} = \boldsymbol{A}\cdot\boldsymbol{C}$ のとき，$\boldsymbol{B} = \boldsymbol{C}$ といえるでしょうか？　$\boldsymbol{A}\times\boldsymbol{B} = \boldsymbol{A}\times\boldsymbol{C}$ のときはどうでしょうか？

5 $\boldsymbol{A} = 3\boldsymbol{a}_x - 2\boldsymbol{a}_y + \boldsymbol{a}_z$, $\boldsymbol{B} = \boldsymbol{a}_y - 4\boldsymbol{a}_z$ であるとき，$\boldsymbol{A}, \boldsymbol{B}$ の位置ベクトルを図示し，$\boldsymbol{A}\cdot\boldsymbol{B}$ および $\boldsymbol{A}\times\boldsymbol{B}$ を求めなさい．

† ヒント †

1 x 軸，y 軸とも，目盛りをできるだけ正確にとって，計算結果と照合できるようにしましょう．

2 あるスカラ量を ψ，あるベクトル量を $\boldsymbol{A}$ とするとき，$\psi\cdot\boldsymbol{A}$ という演算や $\psi\times\boldsymbol{A}$ という演算は意味がありません．

3 式 (2.15) と式 (2.14) から計算でき，結果はスカラ量になります．
この結果を $\boldsymbol{A}\times\boldsymbol{B}$ の行列表現式 (2.16) と対比すれば簡単に行列式で表すことができます．

4 スカラ積の場合：　$\boldsymbol{B}$ の $\boldsymbol{A}$ ベクトル方向の成分と，$\boldsymbol{C}$ の $\boldsymbol{A}$ ベクトル方向の成分が等しければ $\boldsymbol{A}\cdot\boldsymbol{B} = \boldsymbol{B}\cdot\boldsymbol{C}$ になってしまします．
ベクトル積の場合：　$\boldsymbol{A}$ と $\boldsymbol{B}$ が作る面積が等しくなるのはどんな場合かを考えてみてください．

5 位置ベクトルは図 2.10 を参考にして描いてください．
ゼロ成分があると計算が楽になりますね．

3 ベクトル演算子 ∇

ベクトルそのものではありませんが，スカラやベクトルにベクトルのように作用して新しいスカラやベクトルを作るものを**ベクトル演算子**といいます．

その中でも，本章で述べる ∇（**ナブラ**と呼びます）は広く用いられるベクトル演算子で，電磁気学をはじめ通信の分野で重要な役割を演じるものです．初めは，ややとっつきが悪いかと思いますが，ぜひ本章でなじんでください．

ナブラは次のように定義されています．

$$\nabla = \boldsymbol{a}_x \frac{\partial}{\partial x} + \boldsymbol{a}_y \frac{\partial}{\partial y} + \boldsymbol{a}_z \frac{\partial}{\partial z} \tag{3.1}$$

ナブラはその次にくるスカラやベクトルにいろいろな形で作用します．例えば，$-\nabla V$ は次のような式を意味します．

$$-\nabla V = -\left(\boldsymbol{a}_x \frac{\partial}{\partial x} + \boldsymbol{a}_y \frac{\partial}{\partial y} + \boldsymbol{a}_z \frac{\partial}{\partial z}\right) V \tag{3.2}$$

$$= -\left(\boldsymbol{a}_x \frac{\partial V}{\partial x} + \boldsymbol{a}_y \frac{\partial V}{\partial y} + \boldsymbol{a}_z \frac{\partial V}{\partial z}\right) \tag{3.3}$$

本章では，∇ に関する次のような事項について学びます．

(1)　$\nabla\psi$

(2)　$\nabla \cdot \boldsymbol{A}$

(3)　$\nabla \times \boldsymbol{A}$

(4)　∇^2,　$\nabla \times (\nabla\psi)$,　$\nabla \cdot (\nabla \times \boldsymbol{A})$

(1) ではまず，変微分を簡単に説明します．次いで，$\nabla\psi$ は ψ の勾配を表すことを述べます．(2) の $\nabla \cdot \boldsymbol{A}$ は，$\boldsymbol{A}$ の湧き出しを意味し，その大きさがいくらなのかを示します．(3) の $\nabla \times \boldsymbol{A}$ は $\boldsymbol{A}$ の回転を意味し，回転の大きさと方向を示します．(4) の ∇^2 はラプラシアンと呼ばれ，いろいろな用途に使われます．$\nabla \times (\nabla\psi), \nabla \cdot (\nabla \times \boldsymbol{A})$ はいずれも 0 になります．詳細は省略しますが，電磁気学では重要な意味を持っています．

3.1　$\nabla\psi$

最初に ∇ がスカラ ψ に作用する場合を述べます．ψ は任意のスカラ量で，前ページに述べた V であってもかまいません．式で表すと，

$$\nabla\psi = \boldsymbol{a}_x\frac{\partial\psi}{\partial x} + \boldsymbol{a}_y\frac{\partial\psi}{\partial y} + \boldsymbol{a}_z\frac{\partial\psi}{\partial z} \tag{3.4}$$

まず，**偏微分**について説明しましょう．いま，ψ が x, y, z という3つの変数を持つ関数であるとします．これを x についてだけ微分することを $\psi(x,\ y,\ z)$ を x について偏微分するといい，$\partial\psi/\partial x$ と表します．このとき，y と z は定数として取り扱います．例えば，$\psi(x,\ y,\ z) = xyz$ であったとすると，$\partial\psi/\partial x = yz$, $\partial\psi/\partial y = zx$, $\partial\psi/\partial z = xy$ となります．

$\nabla\psi$ は grad ψ (Gradient of ψ) と呼ばれ，ψ の勾配を意味します．なぜ勾配が式 (3.4) のように表されるかを，図 3.1 で説明しましょう．

(1) 点 $\mathrm{P}_1(x,y)$ の高さを h，h の等高線に直角な方向の単位ベクトルを $\boldsymbol{a}_n$，これが $h+dh$ の等高線と交わる点を P_2，$\overrightarrow{\mathrm{P}_1\mathrm{P}_2} = d\boldsymbol{n}$ とします．

(2) h の変化の割合は $\boldsymbol{a}_n$ 方向で最大になることは明らかですから

$$\text{勾配} = \boldsymbol{a}_n\frac{dh}{dn}$$

(3) $h+dh$ の等高線上で，点 P_2 の近傍の点を $\mathrm{P}_3(x+dx, y+dy)$，$\overrightarrow{\mathrm{P}_1\mathrm{P}_3} = d\boldsymbol{l}$，$\angle\mathrm{P}_2\mathrm{P}_1\mathrm{P}_3 = \alpha$ とすると，$dn/dl = \cos\alpha = \boldsymbol{a}_n\cdot\boldsymbol{a}_l$ ですから，

$$\begin{aligned}\frac{dh}{dl} &= \frac{dh}{dn}\frac{dn}{dl} = \frac{dh}{dn}(\boldsymbol{a}_n\cdot\boldsymbol{a}_l) = \left(\boldsymbol{a}_n\frac{dh}{dn}\right)\cdot\boldsymbol{a}_l = \text{勾配}\cdot\boldsymbol{a}_l \\ dh &= \text{勾配}\cdot\boldsymbol{a}_l dl = \text{勾配}\cdot d\boldsymbol{l} \end{aligned}\tag{3.5}$$

(4) 一方，高さの変化分 dh は，x 方向と y 方向の変化分の和で表され，

$$\begin{aligned} dh &= \frac{\partial h}{\partial x}dx + \frac{\partial h}{\partial y}dy = \left(\boldsymbol{a}_x\frac{\partial h}{\partial x} + \boldsymbol{a}_y\frac{\partial h}{\partial y}\right)\cdot(\boldsymbol{a}_x dx + \boldsymbol{a}_y dy) \\ &= \left(\boldsymbol{a}_x\frac{\partial h}{\partial x} + \boldsymbol{a}_y\frac{\partial h}{\partial y}\right)\cdot d\boldsymbol{l} \end{aligned}\tag{3.6}$$

(5) 式 (3.5) を式 (3.6) と比較すると，$\boldsymbol{a}_x(\partial h/\partial x) + \boldsymbol{a}_y(\partial h/\partial y) = \nabla h$ が勾配であることがわかります．

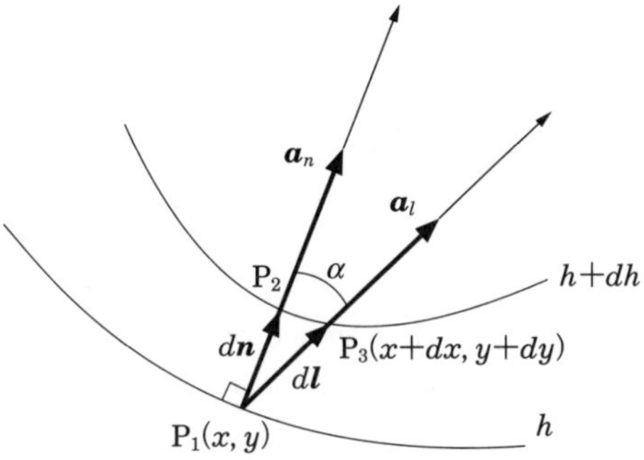

図 3.1　$x-y$ 座標における等高線と勾配

§ 例題 3.1§　　$\psi = x^2 + y^2$ のとき次の計算をしなさい．

(1)　$\partial\psi/\partial x$　　(2)　$\partial\psi/\partial y$　　(3)　$\nabla\psi$

† 解答 †

(1)　ψ を x について偏微分するとき，y は定数とみなします．したがって，
$\partial\psi/\partial x \ = \ 2x$

(2)　同様に，$\partial\psi/\partial y \ = \ 2y$

(3)　$\nabla\psi = \boldsymbol{a}_x \times 2x + \boldsymbol{a}_y \times 2y = 2(\boldsymbol{a}_x x + \boldsymbol{a}_y y)$

§ 例題 3.2§　　$\boldsymbol{r} = \boldsymbol{a}_x x + \boldsymbol{a}_y y + \boldsymbol{a}_z z$ のとき，$\nabla r = \boldsymbol{r}/r$ を証明しなさい．ただし，$r = |\boldsymbol{r}|$ で $r \neq 0$ とします．

† 解答 †

$r = |\boldsymbol{r}| = \sqrt{x^2 + y^2 + z^2}$ ですから，

$$\begin{aligned}\frac{\partial r}{\partial x} &= \frac{\partial (x^2+y^2+z^2)^{1/2}}{\partial x} = \frac{1}{2}(x^2+y^2+z^2)^{-1/2}\cdot 2x \\ &= \frac{x}{(x^2+y^2+z^2)^{1/2}} = \frac{x}{r}\end{aligned}$$

同様に，$\partial r/\partial y = y/r$，$\partial r/\partial z = z/r$．

したがって，∇r は，

$$\nabla r \ = \ \boldsymbol{a}_x \frac{\partial r}{\partial x} + \boldsymbol{a}_y \frac{\partial r}{\partial y} + \boldsymbol{a}_x \frac{\partial r}{\partial z} = \boldsymbol{a}_x \frac{x}{r} + \boldsymbol{a}_y \frac{y}{r} + \boldsymbol{a}_x \frac{z}{r} = \frac{\boldsymbol{r}}{r}$$

3.2 $\nabla \cdot \boldsymbol{A}$

∇ と任意のベクトル $\boldsymbol{A}$ との積には，スカラ積にあたる $\nabla \cdot \boldsymbol{A}$ とベクトル積にあたる $\nabla \times \boldsymbol{A}$ があります．まず，$\nabla \cdot \boldsymbol{A}$ について述べます．

◇　$\nabla \boldsymbol{A}$ という表現は意味をなしません．

$\nabla \cdot \boldsymbol{A}$ は div $\boldsymbol{A}$ とも表され，divergence of $\boldsymbol{A}$ と呼びます．これは，$\boldsymbol{A}$ の湧き出しないしは発散を表すスカラ量になります．図 3.2 は紙面の右方向に流れる川の流量ベクトルを，上から見た様子を示した図です．(a) は途中から水が湧き出し，だんだん水量が増えていく様子，(b) は水が一様に流れていく様子を示しています．(a) の場合，湧き出しが起きている範囲では $\nabla \cdot \boldsymbol{A} > 0$ となりますが，(b) の場合は湧き出しがないので $\nabla \cdot \boldsymbol{A} = 0$ になります．

$\nabla \cdot \boldsymbol{A}$ を式で表すと次のようになります．

$$
\begin{aligned}
\nabla \cdot \boldsymbol{A} &= \left(\boldsymbol{a}_x \frac{\partial}{\partial x} + \boldsymbol{a}_y \frac{\partial}{\partial y} + \boldsymbol{a}_z \frac{\partial}{\partial z}\right) \cdot (\boldsymbol{a}_x A_x + \boldsymbol{a}_y A_y + \boldsymbol{a}_z A_z) \\
&= \frac{\partial A_x}{\partial x} + \frac{\partial A_y}{\partial y} + \frac{\partial A_z}{\partial z} \qquad (3.7)
\end{aligned}
$$

ある点における $\nabla \cdot \boldsymbol{A}$ はその点の微小体積から外向きに出ていく $\boldsymbol{A}$ のネット総量（出ていく量から入ってくる量を引いた値）をその微小体積で割った値として定義されています．式 (3.7) がこの定義に合致していることを示しましょう．

図 3.3 のように，点 P(x, y, z) を中心として，各辺の長さが Δx, Δy, Δz の立方体を考えます．$\boldsymbol{A}$ の x 成分 A_x の $x - \Delta x/2$ における値は $A_x - (\partial A_x/\partial x)(\Delta x/2)$ であり，$x + \Delta x/2$ における値は $A_x + (\partial A_x/\partial x)(\Delta x/2)$ となります．したがって，面 $\Delta y \Delta z$ を通って出ていく量と入ってくる量の差は $(\partial A_x/\partial x)\Delta x \times \Delta y \Delta z$ となります．

同様に y, z 方向の増分は，それぞれ，$(\partial A_y/\partial y)\Delta y \times \Delta z \Delta x$, $(\partial A_z/\partial z)\Delta z \times \Delta x \Delta y$ と表されます．これら 3 成分の増分を加えたものが $\boldsymbol{A}$ 全体の増分を示すと考えられます．これをいま考えている立方体の体積 $\Delta x \Delta y \Delta z$ で割ると式 (3.7) になることがわかります．

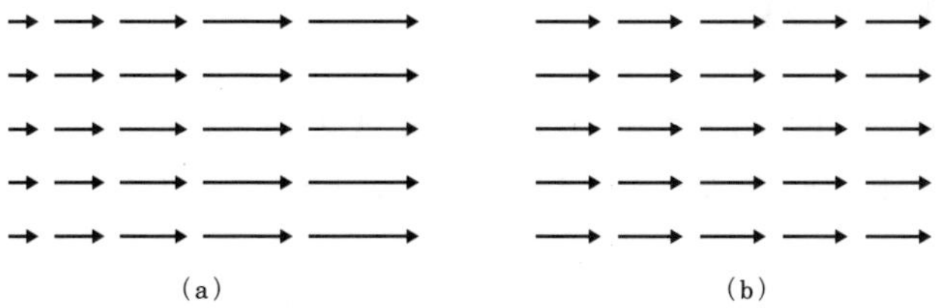

図 **3.2**　水流のベクトル表示

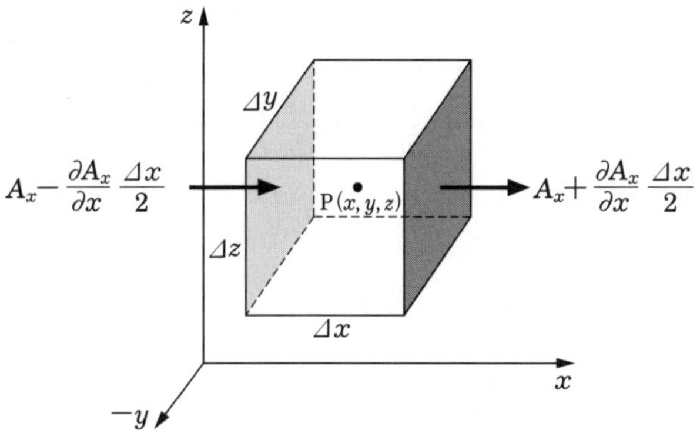

図 **3.3**　立方体 $\Delta x \Delta y \Delta z$ に出入りする A_x

§ 例題 3.3§　　$\boldsymbol{A} = k(\boldsymbol{a}_x x + \boldsymbol{a}_y y)$ の概略図を描き，$\nabla \cdot \boldsymbol{A}$ を求めなさい．

† 解答 †

$\boldsymbol{A}$ の向きは $\varphi = \tan^{-1}(y/x)$ で，位置ベクトルに一致します．また，$|\boldsymbol{A}| = k\sqrt{x^2 + y^2}$ ですから，原点からの距離 R に比例します．概略図は第 1 象限だけを示すと，図 3.4 のようになり，湧き出しが起きています．

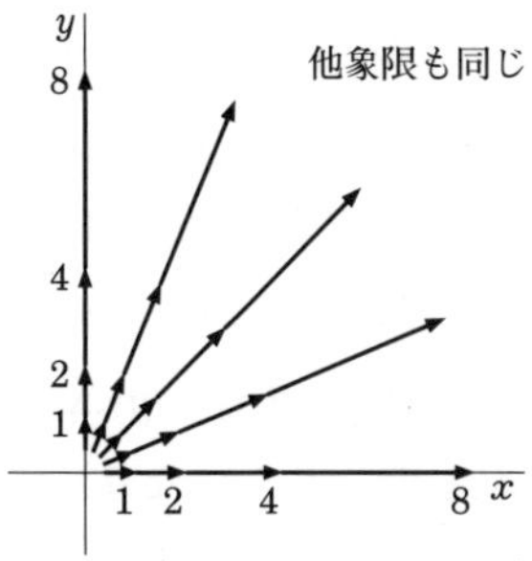

図 **3.4**　ベクトルの概略図

$A_x = Ax,\ A_y = Ay, A_z = 0$ ですから，

$\nabla \cdot \boldsymbol{A} = A + A = 2A$

3.3 $\nabla \times \boldsymbol{A}$

$\nabla \times \boldsymbol{A}$ は rot $\boldsymbol{A}$ とも表され，rotation of $\boldsymbol{A}$ と呼びます．これは，$\boldsymbol{A}$ の回転または渦を表すベクトル量になります．図 3.5 は紙面の右方向に流れる川の速度ベクトルを，上から見た様子を示した図です．(a) は図の手前に来るほど流れが速くなっている様子，(b) は流れが一様な場合を示しています．(a) では，図のように軸が上下を向くように水車を置くと水車は回転するので，$\nabla \times \boldsymbol{A} \neq 0$ となりますが，(b) の場合は回転は起きないので $\nabla \times \boldsymbol{A} = 0$ になります．

$\nabla \cdot \boldsymbol{A}$ を式で表すと次のようになります．

$$\begin{aligned}\nabla \times \boldsymbol{A} &= \left(\boldsymbol{a}_x \frac{\partial}{\partial x} + \boldsymbol{a}_y \frac{\partial}{\partial y} + \boldsymbol{a}_z \frac{\partial}{\partial z}\right) \times (\boldsymbol{a}_x A_x + \boldsymbol{a}_y A_y + \boldsymbol{a}_z A_z) \\ &= \boldsymbol{a}_x \left(\frac{\partial A_z}{\partial y} - \frac{\partial A_y}{\partial z}\right) + \boldsymbol{a}_y \left(\frac{\partial A_x}{\partial z} - \frac{\partial A_z}{\partial x}\right) \\ &+ \boldsymbol{a}_z \left(\frac{\partial A_y}{\partial x} - \frac{\partial A_x}{\partial y}\right) \qquad (3.8)\end{aligned}$$

$$= \begin{vmatrix} \boldsymbol{a}_x & \boldsymbol{a}_y & \boldsymbol{a}_z \\ \dfrac{\partial}{\partial x} & \dfrac{\partial}{\partial y} & \dfrac{\partial}{\partial z} \\ A_x & A_y & A_z \end{vmatrix} \qquad (3.9)$$

点 P の周りに微小面積をとったとき，その外周に沿っての $\boldsymbol{A}$ の一周積分を微小面積で割った値は微小面積の向きによって変わります．$\nabla \times \boldsymbol{A}$ はこの一番大きな値をその大きさとし，そのときの積分方向に沿って右ねじを回したときねじが進む方向をその方向とするベクトルとして定義されています．

図 3.6 のように，点 P(x, y) を中心として，各辺の長さが Δx, Δy の矩形を考えます．$\boldsymbol{A}$ を矩形の辺 AB に沿って積分すると，$A_y + (\partial A_y/\partial x)(\Delta x/2)\Delta y$ となります．他の辺に沿っての積分も同様に考えて，ABCD の方向に一周積分すると，$(\partial A_y/\partial x - \partial A_x/\partial y)\Delta x \Delta y$ となり，これを微小面積 $\Delta x \Delta y$ で割ったものが $\nabla \times \boldsymbol{A}$ の z 成分になります．同様に x, y 方向の成分も求めることができ，これらを足し合わせると式 (3.8) になることがわかります．

◇ 式 (3.8) は煩雑ですから，(3.9) の形で覚えるほうがよいでしょう．

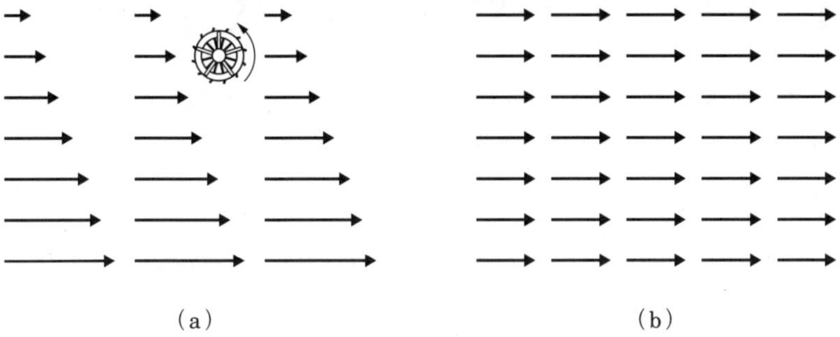

図 **3.5**　水流のベクトル表示

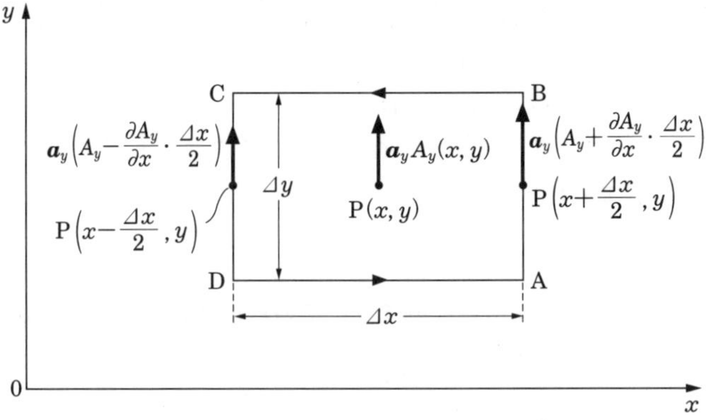

図 **3.6**　矩形 $\Delta x \Delta y$ に沿っての一周積分

§ 例題 3.4§　　$\boldsymbol{A} = \boldsymbol{a}_x xy + \boldsymbol{a}_y 2x$ のとき，$\nabla \times \boldsymbol{A}$ を求めなさい．

† 解答 †

式 (3.9) を用い，

$$\nabla \times \boldsymbol{A} = \begin{vmatrix} \boldsymbol{a}_x & \boldsymbol{a}_y & \boldsymbol{a}_z \\ \dfrac{\partial}{\partial x} & \dfrac{\partial}{\partial y} & \dfrac{\partial}{\partial z} \\ xy & -2x & 0 \end{vmatrix}$$

$$= \boldsymbol{a}_y \partial(xy)/\partial z + \boldsymbol{a}_z \partial(-2x)/\partial x - \boldsymbol{a}_z \partial(xy)/\partial y$$

$$- \boldsymbol{a}_x \partial(-2x)/\partial z = -\boldsymbol{a}_z(2 + x)$$

3.4 ∇^2, $\nabla\times(\nabla\psi)$, $\nabla\cdot(\nabla\times\boldsymbol{A})$

これまで述べた ∇ 演算の組み合わせには重要な公式が数多くありますが，ここでは上記の 3 つについて述べます．

(1) ∇^2

∇^2 は次のようになり，**ラプラシアン**と呼ばれ，物理現象を表す式中に広く用いられています．

$$\begin{aligned}\nabla^2 &= \nabla\cdot\nabla \\ &= \left(\boldsymbol{a}_x\frac{\partial}{\partial x}+\boldsymbol{a}_y\frac{\partial}{\partial y}+\boldsymbol{a}_z\frac{\partial}{\partial z}\right)\cdot\left(\boldsymbol{a}_x\frac{\partial}{\partial x}+\boldsymbol{a}_y\frac{\partial}{\partial y}+\boldsymbol{a}_z\frac{\partial}{\partial z}\right) \\ &= \frac{\partial^2}{\partial x^2}+\frac{\partial^2}{\partial x^2}+\frac{\partial^2}{\partial x^2} \qquad (3.10)\end{aligned}$$

ラプラシアンはスカラ演算子と考えられ，スカラにもベクトルにも作用し，$\nabla^2\psi$ および $\nabla^2\boldsymbol{A}$ となります．

(2) $\nabla\times(\nabla\psi)$

行列式で表すと次のようになります．この展開式は省略しますが，簡単に 0 になることがわかります．

$$\nabla\times(\nabla\psi) = \begin{vmatrix}\boldsymbol{a}_x & \boldsymbol{a}_y & \boldsymbol{a}_z \\ \dfrac{\partial}{\partial x} & \dfrac{\partial}{\partial y} & \dfrac{\partial}{\partial z} \\ \dfrac{\partial\psi}{\partial x} & \dfrac{\partial\psi}{\partial y} & \dfrac{\partial\psi}{\partial z}\end{vmatrix} \equiv 0 \qquad (3.11)$$

$\nabla\psi$ における ψ は**スカラポテンシャル**とも呼ばれます．

(3) $\nabla\cdot(\nabla\times\boldsymbol{A})$

この結果も，次のように 0 になります．

$$\begin{aligned}\nabla\cdot(\nabla\times\boldsymbol{A}) &= \frac{\partial}{\partial x}\left(\frac{\partial A_z}{\partial y}-\frac{\partial A_y}{\partial z}\right)+\frac{\partial}{\partial y}\left(\frac{\partial A_x}{\partial z}-\frac{\partial A_z}{\partial x}\right) \\ &+ \frac{\partial}{\partial z}\left(\frac{\partial A_y}{\partial x}-\frac{\partial A_x}{\partial y}\right)\equiv 0 \qquad (3.12)\end{aligned}$$

$\nabla\times\boldsymbol{A}$ における $\boldsymbol{A}$ は**ベクトルポテンシャル**とも呼ばれます．

参考 ◇ $\nabla\times(\nabla\psi)=0,\quad \nabla\cdot(\nabla\times\boldsymbol{A})=0$ **の物理的意味**

例えば，電界 $\boldsymbol{E}$ と電位 V との関係は $\boldsymbol{E}=-\nabla V$ ですが，このとき $\nabla\times\boldsymbol{E}=0$ になります．スカラポテンシャル V を持つ電界 $\boldsymbol{E}$ は渦なしベクトルであることを意味します．また，磁束密度 $\boldsymbol{B}$ とベクトルポテンシャル $\boldsymbol{A}$ との関係は $\boldsymbol{B}=\nabla\times\boldsymbol{A}$ ですが，このとき $\nabla\cdot\boldsymbol{B}=0$ になります．ベクトルポテンシャル $\boldsymbol{A}$ を持つ磁束密度 $\boldsymbol{B}$ は湧き出しなしベクトルであることを意味します．

§ 例題 3.5§　$\psi=x^2+y^2+z^2$ のとき，次の計算をしなさい．

(1) $\nabla\psi$　(2) $\nabla\cdot(\nabla\psi)$　(3) $\nabla\times(\nabla\psi)$

† 解答 †

(1) $\nabla\psi=\boldsymbol{a}_x2x+\boldsymbol{a}_y2y+\boldsymbol{a}_z2z=2(\boldsymbol{a}_xx+\boldsymbol{a}_yy+\boldsymbol{a}_zz)$

(2) $\nabla\cdot(\nabla\psi)=\partial(2x)/\partial x+\partial(2y)/\partial y+\partial(2z)/\partial z=2+2+2=6$

(3) $$\nabla\times(\nabla\psi)=\begin{vmatrix}\boldsymbol{a}_x & \boldsymbol{a}_y & \boldsymbol{a}_z\\ \dfrac{\partial}{\partial x} & \dfrac{\partial}{\partial y} & \dfrac{\partial}{\partial z}\\ 2x & 2y & 2z\end{vmatrix}=0$$

§ 例題 3.6§　$\boldsymbol{r}=\boldsymbol{a}_xx+\boldsymbol{a}_yy+\boldsymbol{a}_zz$ のとき，次の式を証明しなさい．ただし，$r=|\boldsymbol{r}|$ で $r\neq 0$ とします．

(1) $\nabla\cdot\boldsymbol{r}=3$　(2) $\nabla\times\boldsymbol{r}=0$　(3) $\nabla^2(1/r)=0$

† 解答 †

(1) $\nabla\cdot\boldsymbol{r}\ =\ \partial x/\partial x+\partial y/\partial y+\partial z/\partial z\ =\ 3$

(2) $$\nabla\times\boldsymbol{r}\ =\ \begin{vmatrix}\boldsymbol{a}_x & \boldsymbol{a}_y & \boldsymbol{a}_z\\ \dfrac{\partial}{\partial x} & \dfrac{\partial}{\partial y} & \dfrac{\partial}{\partial z}\\ x & y & z\end{vmatrix}=0$$

(3) $\partial(1/r)/\partial x=(-1/2)(x^2+y^2+z^2)^{-(3/2)}\cdot 2x=-x(x^2+y^2+z^2)^{-(3/2)}$

$\partial^2(1/r)/\partial x^2=-(x^2+y^2+z^2)^{-(3/2)}+3x^2(x^2+y^2+z^2)^{-(5/2)}$

同様に $\partial^2(1/r)/\partial y^2=-(x^2+y^2+z^2)^{-(3/2)}+3y^2(x^2+y^2+z^2)^{-(5/2)}$,

$\partial^2(1/r)/\partial z^2=-(x^2+y^2+z^2)^{-(3/2)}+3z^2(x^2+y^2+z^2)^{-(5/2)}$

これらを足し合わせると，$\nabla^2(1/r)\ =\ -3r^{-3}+3r^2r^{-5}=-3r^{-3}+3r^{-3}=0$

章末問題 3

1　次の演算のうち，意味のあるものには ◯，　意味のないものには × を付し，× の場合は理由を述べなさい．

(1) grad (div $\boldsymbol{A}$)　(2) grad (grad ψ)　(3) div (grad ψ)

(4) div (rot $\boldsymbol{A}$)　(5) rot (div $\boldsymbol{A}$)　(6) rot (rot $\boldsymbol{A}$)

2　$\boldsymbol{A} = \boldsymbol{a}_x A_0 x$ であるとき，$x = 0$ における $\nabla \cdot \boldsymbol{A}$ を定義から求めなさい．

3　$\boldsymbol{B} = \boldsymbol{a}_y B_0 x$ であるとき，$x = 0$ における $\nabla \times \boldsymbol{B}$ を定義から求めなさい．

4　$\psi = x^2 y^2 z^2$ のとき，次の計算をしなさい．

(1) $\nabla\psi$　(2) $\nabla \cdot (\nabla\psi)$　(3) $\nabla \times (\nabla\psi)$

(4) $\nabla^2\psi$　(5) $\nabla^2(\nabla\psi)$

5　$\boldsymbol{r} = \boldsymbol{a}_x x + \boldsymbol{a}_y y + \boldsymbol{a}_z z$ のとき，$\nabla(1/r) = -(\boldsymbol{r}/r^3)$ を証明しなさい．ただし，$r = |\boldsymbol{r}|$ で $r \neq 0$ とします．

† ヒント †

1　grad は スカラに作用してベクトルを作る．
div はベクトルに作用してスカラを作る．
rot はベクトルに作用してベクトルを作る．

2　原点の周りに $\Delta x \Delta y \Delta z$ の直方体を考える．x 軸に沿っての A_x の増分は $A_0\{\Delta(x/2) - \Delta(-x/2)\} \times \Delta y \Delta z$．$y$，$z$ 軸に沿っての増減はない．

3　原点を中心に $\Delta x \Delta y$ の矩形を考え，これに沿って $\boldsymbol{B}$ を積分すると $B_0\{\Delta x/2 - (-\Delta x/2)\} \times \Delta y$．方向は $+z$．

4　(1) ~ (4) はノーヒント
(5) $\nabla^2 \boldsymbol{A}$ は $\partial^2 A_x/\partial x^2 + \partial^2 A_y/\partial y^2 + \partial^2 A_z/\partial z^2$ ではありません．丹念に展開してみてください．

5　$\nabla(1/r)$ の x 成分は $\boldsymbol{a}_x(-x/r^3)$

4 周波数と波長

通信においては，同じ空間や線路に同じ周波数を用いると混信が起きますから，周波数を変えて使用しなければなりません．特に電波を用いる場合，周波数は一元的に管理されているため，“周波数がいくらなのか？”は極めて重要なファクターになります．携帯電話の周波数が 800〔MHz〕帯であるとか，衛星放送の周波数が 12〔GHz〕帯であるといった表現が頻繁に行われるのはこの事情を反映しています．

コンピュータでも演算・処理を進めるステップとしてクロックパルスを出しますが，この頻度も〔Hz〕で表されます．この値も当初は〔MHz〕のオーダでしたが，急速に速くなって，現在は〔GHz〕台になってきました．

一方，“波長がいくらか？”という問題も，これに劣らずよくでてきます．このレーダの波長は 3〔cm〕であるとか，この通信にミリ波を使うなどです．

周波数と波長はどういう定義なのか？　両者の関係はどうなっているのか？　また，これらを式に表すとどうなるのか？　などをまず考えてみたいと思います．

本章の構成は次のようにしました．

(1)　周波数とは？　波長とは？

(2)　電磁波の速度

(3)　高周波の名称

(4)　本章にでてくる用語

(1) では，周波数の単位，時間に対する正弦波の式および図，周期と周波数，距離に対する正弦波の式および図，波長の説明をします．また，これに伴って現れる角周波数，位相定数の説明を付け加えます．(2) では，電波や光の総称である電磁波の真空中の速度を示し，周波数および周波数とどういう関係にあるのかを述べます．また，正弦波の式表現にも言及します．(3) では，高周波の周波数（波長）による分類と名称，この中で情報通信に使われる電波，赤外線の範囲などを説明し，表形式にまとめます．(4) では，本文中の主な用語を解説します．

4.1　周波数とは，波長とは

1 秒間に同じ波形が何回現れるかを**周波数**といい，f で表します．これは frequency の頭文字をとったものです．f の単位をヘルツといい,〔Hz〕と表します．ヘルツのディメンションは〔1/s〕です．

家庭でも工場でも，電源は 50 または 60〔Hz〕が使われています．これは**商用周波数**と呼ばれ，**低周波**に属します．通信や放送には**高周波**が使われます．ラジオ放送や短波放送には数百〔kHz〕(10^3〔Hz〕) ∼ 数〔MHz〕(10^6〔Hz〕) が用いられています．移動通信には当初数十〔MHz〕でしたが，だんだん高周波に移行し，現在では数百〔MHz〕∼〔GHz〕(10^9〔Hz〕) 帯が用いられています．

電圧波形 v が時間とともに正弦波状に変化する波形を図 4.1 に示します．この正弦波のある位相の点 A を指定したとき，次に同じ位相の点 B が出てくるまでの時間を**周期** T といい，$T = 1/f$ の関係があります．正弦波がピーク値を V, 周波数 f，周期 T，初期角 φ を持つとすると，次のように表されます．

$$v(t) \;=\; \mathrm{V}\cos(2\pi ft+\varphi) = \mathrm{V}\cos(2\pi\frac{t}{T}+\varphi) = \mathrm{V}\cos(\omega t+\varphi) \quad (4.1)$$

周波数が f ですから，1〔s〕間に f 回の振動がおきます．また，式 (4.1) 中の ω は**角周波数**と呼ばれます．

周波数と切っても切れない関係にあるのが**波長**です．電圧 v が z 方向に距離とともに正弦波状に変化する波形を図 4.2 に示します．この正弦波の同じ位相の点 A, B 間の距離を波長といい，λ (l のギリシャ文字) で表します．この場合の正弦波式は次のように表されます．

$$v(z) \;=\; \mathrm{V}\cos(\beta z+\varphi) \;=\; \mathrm{V}\cos\left(\frac{2\pi}{\lambda}z+\varphi\right) \quad (4.2)$$

点 A が B に来たとき，v は同じ値なので，βz は 2π だけ変化しています．このとき z は λ だけ動いていますから次のような関係があります．

$$\lambda \;=\; \frac{2\pi}{\beta}\ \text{〔m〕} \quad \text{または} \quad \beta \;=\; \frac{2\pi}{\lambda}\ \text{〔rad/m〕} \quad (4.3)$$

式 (4.3) からわかるように，β (b のギリシャ文字) は単位長（1〔m〕）あたりの位相変化量を表しますから，**位相定数**と呼ばれます．

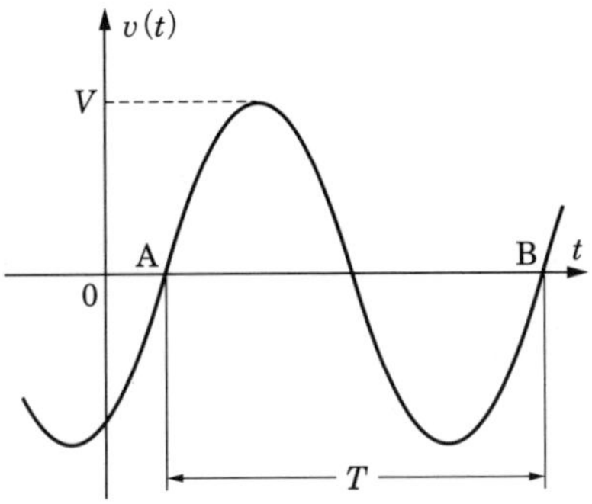

図 4.1　正弦波の時間変化と周期

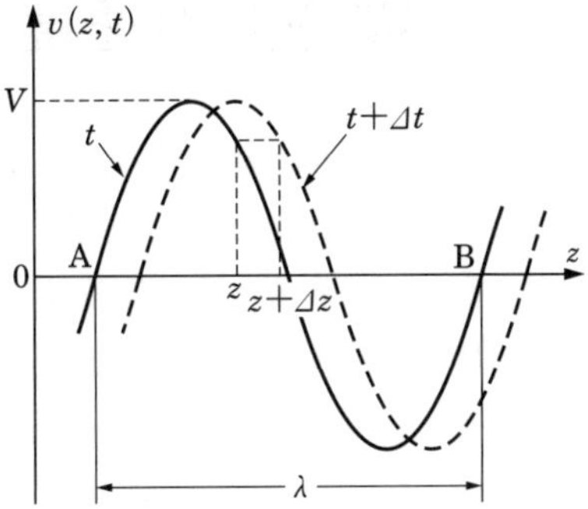

図 4.2　正弦波の距離変化と波長

参考 ◇　角周波数

z が 1 波長分変化すると，位相は 360〔度〕すなわち 2π〔rad〕（ラジアン）変化しますから，1〔s〕間の回転角度 ω は $2\pi f$〔rad/s〕になります．ω を**角周波数**と呼び，式で表すと次のようになります．

$$\omega = 2\pi f \quad \text{〔rad/s〕} \tag{4.4}$$

参考 ◇　進行する波の式および速度

式 (4.1) は電圧の時間に対する変化，式 (4.2) は距離に対する変化を表すだけで，波の進行は表していません．z 方向に進行する波は，両者を組み合わせて次式のように表されます．

$$v(z,t) = \mathrm{V}\cos(\omega t - \beta z) = \mathrm{V}\cos\left(2\pi f t - \frac{2\pi}{\lambda}z\right) \tag{4.5}$$

図 4.2 において，時刻 t における距離 z の点が，$t + \Delta t$ において $z + \Delta z$ に移動したとします．両者における v の値は等しいので，cos の括弧内の値は等しくなければなりません．したがって，$\omega t - \beta z = \omega(t + \Delta t) - \beta(z + \Delta z)$ が成り立ち，$\Delta z/\Delta t = \omega/\beta = f\lambda$ となります．これから，z 方向への波の速さ u は次のようになることがわかります．

$$u = \lim_{\Delta t \to 0} \Delta z/\Delta t = f \cdot \lambda \tag{4.6}$$

4.2 電磁波の速度

前節で，波の進行速度は $u = f \cdot \lambda$ となることを示しました．これは次のように考えることもできます．図 4.3 で波長 λ の波が z 方向に次々進行し，1 秒間に f 回振動したとするとその距離は $f \times \lambda$ で，これが波の速度 u になります．

通信には電磁波が用いられます．空間を飛ぶ電波はもちろん，線路を伝わる高周波も電磁波といえます．電磁波は「時間とともに変化する電界と磁界が互いにからみあって伝搬していく波動」をいいます．

電磁波の周波数範囲は極めて広く，電波，赤外線，可視光，X 線，γ 線などはいずれも電磁波です．電波と赤外線の区分けは，**電波法**第 2 条により，“電波とは 300 万メガヘルツ以下の電磁波をいう” と定義づけられています．300 万メガヘルツは 3×10^6〔MHz〕$=$ 3×10^{12}〔Hz〕で，言い換えると 3,000〔GHz〕（ギガヘルツ）または 3〔THz〕（テラヘルツ）になります．

◇ 単位の名称（メガ，ギガ等）を付録 **A.8** に示しておきます．

これらの波の速度はすべて等しく，真空中では光の速度 c になります．真空中の波長を λ_0 とすると，式 (4.6) は式 (4.7) のように表されます．一方，真空の誘電率を ε_0，透磁率を μ_0 とすると，電磁理論から式 (4.7) の右辺が導かれます．

$$f \cdot \lambda_0 = c = \frac{1}{\sqrt{\varepsilon_0 \mu_0}} \cong 3 \times 10^8 \quad \text{〔m/s〕} \qquad (4.7)$$

第 1 章に述べたとおり，この値は近似値ですが，3×10^8〔m/s〕としても誤差は 0.1〔%〕程度にすぎません．また，空気の誘電率は真空の誘電率に近いので，空気中の速度もたいていの場合真空中と同じとしてかまいません．

簡単な式ですからこのまま使ってもよいのですが，周波数として〔MHz〕で表した数値，波長として〔m〕で表した数値を用いると,〔m〕×〔MHz〕= 300 という関係になります．すなわち 1〔MHz〕だったら波長は 300〔m〕，150〔MHz〕だったら 2〔m〕というのが簡単に計算できます。最近は〔GHz〕帯の応用が増えていますから，周波数として〔GHz〕で表した数値，波長として〔cm〕で表した数値を用いると,〔cm〕×〔GHz〕= 30 と表すこともできます．

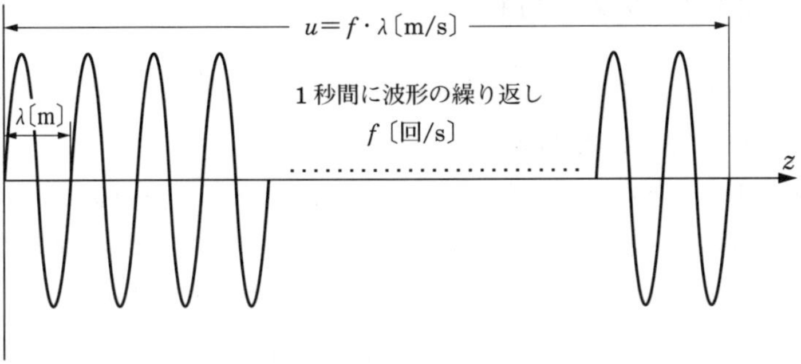

図 **4.3**　電磁波の伝搬速度

参考 ◇　**波長・周波数と伝搬速度**

電磁波が誘電率 $\varepsilon = \varepsilon_r \varepsilon_0$ の媒質中を伝搬すると，波長 λ および伝搬速度 u は次のようになります．

$$\lambda = \frac{\lambda_0}{\sqrt{\varepsilon_r}} \tag{4.8}$$

$$f \cdot \lambda = u = \frac{c}{\sqrt{\varepsilon_r}} \tag{4.9}$$

ε_r はその媒質の誘電率が真空の何倍あるかを示す数で，比誘電率といい，1 より大きい数値をとります．したがって，波長は真空中より短く，伝搬速度は真空中より遅くなります．ただし，周波数は媒質により変化しません．

§例題 4.1§　周波数 800〔MHz〕の電波の真空中波長はいくらですか？

†解答†

$$\lambda_0 = \frac{c}{f} = \frac{3 \times 10^8}{800 \times 10^6} = 0.375 \quad〔\mathrm{m}〕$$

◇　〔m〕×〔MHz〕= 300 を用いるとより簡単です．

§例題 4.2§　真空中の波長 20〔cm〕の電波の周波数はいくらになりますか？

†解答†

$$f = \frac{c}{\lambda} = \frac{3 \times 10^8}{0.2} = 1.5 \quad〔\mathrm{GHz}〕$$

4.3 高周波の名称

高周波を広辞苑で引いてみると,「振動数（周波数）が比較的大きいこと．また，そのような波動や振動．**低周波**の対語」と書いてあります．

50~60〔Hz〕は低周波に属することに異論はなかろうと思います．400〔Hz〕はどうかといえば，商用周波数を取り扱っている方からみれば高周波かもしれませんが，情報通信を扱う立場からは高周波とはいえないでしょう．

高周波になると，表皮効果といって，電流が電線の表面に集中し，真中には流れない現象が起きてきます．また，周波数が高くなると電波が放射されるようになります．このような現象は大体 10〔kHz〕から見られるようになります．高周波とは大体このあたりから上の周波数といってよいと思います．

電磁波の周波数ごとの名称を図 4.4 に示します．情報通信に最も多く用いられるのは電磁波の内の電波と赤外線です．

図のうち最も低い周波数帯は超長波 (VLF:Very Low Frequency) と呼ばれ，その下限は 3〔kHz〕になっています．電波は我々が共用する貴重な資源ですから電波割り当てがなされていますが，9〔kHz〕以下には割り当てがありません．

電波は周波数によって伝搬特性が異なるので，特性に合った使い方をしなければなりません．現在最もよく使われているのは VHF から SHF 帯 (30〔MHz〕~ 30〔GHz〕) で，波長でいうと 10〔m〕~ 1〔cm〕です．利用が広まるにつれてだんだん高い周波数帯に移行してきましたが，EHF 帯はまだ開発途上です．

また普通 1〔GHz〕(300〔MHz〕以上とする説もある）より高い周波数の電波を**マイクロ波**と呼んでいます．さらに，UHF から EHF にかけて，L バンドとか，X バンド等と別の分類もなされており，以前は周波数秘匿が目的でしたが，最近は一般的に用いられるようになってきました．

赤外線はさらに分類すると，波長が可視光以上，2〔μm〕以下を近赤外線，それ以上を遠赤外線と呼んでいます．光ファイバ通信には，減衰の少ない 1.55〔μm〕を中心とした近赤外線が用いられています．遠赤外線は計測や制御などの分野に幅広く用いられています．

周波数	波長	呼称			
3 kHz	100 km				
		VLF	超長波		電波
30	10				
		LF	長波		電波
300	1				
		MF	中波		電波
3 MHz	100 m				
		HF	短波		電波
30	10				
		VHF	超短波		電波
300	1				
		UHF	極超短波	マイクロ波 / L〜O バンド	電波
3 GHz	10 cm				
		SHF	センチ波	マイクロ波 / L〜O バンド	電波
30	1 cm				
		EHF	ミリ波	マイクロ波	電波
300	1 mm				
			サブミリ波	マイクロ波	電波
3 THz	100 μm				
30	10	遠赤外線			
		赤外線			
300	1	可視光			
3 PHz	100 nm	紫外線			
30	10	X線			
300	1	γ線			
3 EHz	100 pm				

VLF: very low frequency
LF : low frequency
MF : medium frequency
HF : high frequency
VHF: very high frequency
UHF: ultra high frequency
SHF: super high frequency
EHF: extremely high frequency

L バンド： 390〜1500〔MHz〕
S バンド： 1.5〜3.9〔GHz〕
C バンド： 3.9〜6.2〔GHz〕
X バンド： 6.2〜10.9〔GHz〕
K バンド： 10.9〜36〔GHz〕
Ku バンド： 15.2〜17.2〔GHz〕
Ka バンド： 33〜35〔GHz〕
O バンド： 35〜46〔GHz〕

図 **4.4** 電磁波スペクトル

4.4　本章に出てくる用語と単位

本文の中では説明していない用語や単位について，簡単に説明しておきます．このうちのいくつかについては，第 1 章に述べた単位系の中にも出てきましたので，そちらも参照してください．ただし，厳密な定義については電磁気学などで学習してください．

電圧，電位　電荷（電気の量）が存在すると，その影響がおよぶ範囲の点はある電位 V を持ちます．電位の基準点は無限遠点で，この電位を 0〔V〕とします．2 点間の電位差を電圧と呼びます．電圧も単位は〔V〕です．

電界　ある点の電位の負の勾配をその点の電界と呼びます．勾配は方向性がありますから，電界 $\boldsymbol{E}$ はベクトルになります．電界の方向は，電位の高い方から低い方向に向かって最も急な方向で，大きさはその方向における 1〔m〕あたりの電位差になります．

磁界　電気の説明を磁気に置き換えたとき，電界に対応するものです．

誘電率　誘電体（絶縁体と同義）に電界をかけると，誘電分極という現象により誘電体中の電界が真空の場合に比べて変化します．変化の度合いは物質により異なり，誘電率はこの違いを表す一種の量であると考えてください．その値は機械系と電気系間の単位の整合の際生じる係数により定まります．

透磁率　誘電率の説明を磁気の場合に置き換えて生じる係数を透磁率といいます．

radian　図 4.5 において，半径を r，円弧 AB の長さを l，円弧を見込む角を $\alpha = l/a$ とするとき，角度が α radian であるといい，〔rad〕で表します．

円周全体を見込む角は 360〔deg〕ですが，〔rad〕で表すと $(2\pi r)/r = 2\pi$〔rad〕になります．90〔deg〕は $\pi/2$〔rad〕，60〔deg〕は $\pi/3$〔rad〕，45〔度〕は $\pi/4$〔rad〕などとなります．

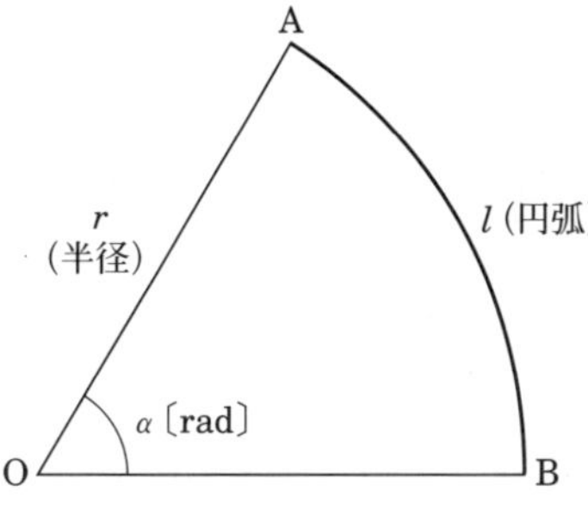

図 **4.5** ラジアン

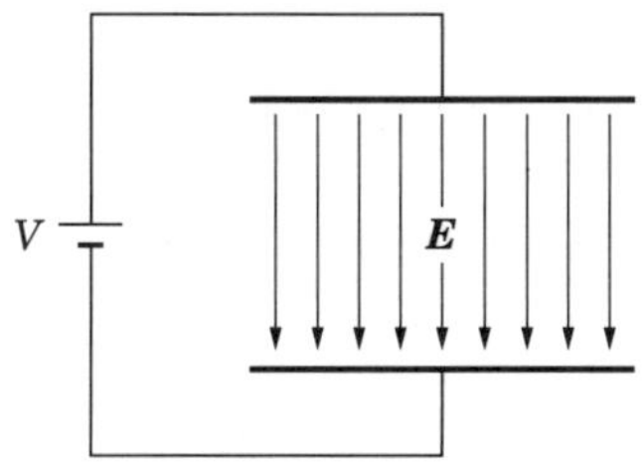

図 **4.6** 一様電界

参考 ◇ **電位と電界**

図 4.6 のように十分大きい 2 枚の金属板を d〔m〕離して平行に置き，板間に電圧 V〔V〕をかけたとします．構造からいって，電界は板に垂直に一様にできます．これを図のように矢印をつけて示します．電界の大きさを E とすると，$E = V/d$〔V/m〕となります．

ただし，一般には電界は一様ではありません．このとき，電位と電界の関係は，第 3 章で述べた ∇ を用いて次のように表されます．

$$\boldsymbol{E} = -\nabla V = -\,\mathrm{grad}\,V \tag{4.10}$$

参考 ◇ **比誘電率**

ある媒質の誘電率 ε と真空の誘電率 ε_0 の比を比誘電率と言い，ε_r と表します．式で表すと $\varepsilon = \varepsilon_r\varepsilon_0$ となります．ε および ε_0 の単位は〔F/m〕ですから，ε_r は単位のない数値になります．例えば，比誘電率 2 の媒質の誘電率は $2 \times \varepsilon_0 \cong 1.771 \times 10^{-11}$〔F/m〕となります．

誘電率と比誘電率を混同しないようにしましょう．

§例題 4.3§ 1〔rad〕は何度ですか？

†解答†

2π〔rad〕が 360〔deg〕ですから，$360/2\pi \cong 57.3$〔deg〕になります．

章末問題 4

1　周波数 2.3〔GHz〕の電磁波の真空中の波長はいくらですか？

2　波長 1.55〔μm〕の周波数はいくらですか？

3　$+z$ 方向に進行する周波数 100〔MHz〕の電圧 v の式を書きなさい．

4　真空中の波長 3.0〔cm〕の電磁波について次の問いに答えなさい．
(1)　この波の角周波数はいくらですか？
(2)　この波の位相定数はいくらですか？
(3)　この波の電界 $\boldsymbol{E}$ のピーク値が 5.0〔mV/m〕で z 方向を向いており，波が $+y$ 方向に進行するとき，$\boldsymbol{E}$ の式を書きなさい．

5　周波数 1.50〔GHz〕の電磁波が比誘電率 $\varepsilon_r = 3.0$ の誘電体中を進行するとき，波長および速度はいくらになりますか？

†ヒント†

1　式 (4.3) を用います．〔cm〕×〔GHz〕= 30 を用いても可．

2　〔μm〕は 10^{-6}〔m〕です．
この波長は光通信で最もよく用いられます．

3　式 (4.3) により位相定数を求め，式 (4.5) に代入します．

4　波長 3.0〔cm〕の電磁波
(1)　式 (4.4) を用います．
(2)　式 (4.3) を用います．
(3)　電磁波は電界 $\boldsymbol{E}$ は基本ベクトルを使って表します．
$+y$ 方向に進行するときは $(\omega t - \beta_0 z)$ が $(\omega t - \beta_0 y)$ になります．
電界の単位は〔V/m〕です．

5　いずれも真空中の $1/\sqrt{\varepsilon_r}$ になる点に注意．

5 正弦波

通信において用いられる搬送周波数は，高調波成分を含んでいると，他の通信に妨害を及ぼしますから，できるだけ純粋な正弦波であることが求められます．商用周波数を取り扱う上でも高調波は好ましいものではありません．したがって，正弦波は波の基本であるといえます．

一方，波形を解析するにあたっては，歪んだ波形も基本波と高調波に分解することができますから，正弦波の取り扱いを知っていれば処理することができます．

そこで本章では正弦波の性質や，いろいろな表示法を学習します．これらをマスターすれば，通信に限らず，種々の電気量に関する理解が容易になることは疑いありません．本章の構成は次のとおりです．

(1)　三角関数

(2)　ピーク値と実効値

(3)　$e^{j\varphi}$ とは

(4)　正弦波の表示法

(1) では，まず三角関数とそれに関係のある関係式について復習します．正弦波においては，ピーク値は実効値の $\sqrt{2}$ 倍になっていることはご存知の方も多いと思います．(2) では，これらはどういう値か，実効値はどのように求められるのか，これらを取り扱う上での注意事項などを述べます．

(3) では，$e^{j\varphi}$ を説明します．一見関係なさそうなこの表現が，オイラーの法則によって正弦関数と結びついていること，これが複素数表示と密接に関連していることを述べます．ついで，やや皆さんを悩ましていると思われる $e^{j\omega t}$ に言及します．

正弦波を式に書くとき，目的によりいろいろな表現を使います．この約束事を理解しないと，なんとなくよくわからないということになりかねません．(4) では 3 つの表現方法とその関連について説明します．

5.1　三角関数

まず，角度が $0 \sim 90$〔deg〕の三角関数を振り返ってみます．図 5.1 に示す，角 C が直角な直角三角形 ABC において，三角関数は図の右に示したように表されます．この中でも sin（**正弦**），cos（**余弦**），tan（**正接**）が多く使われます．

角度には〔deg〕と〔rad〕が用いられます．どちらもよく用いられますからどちらを使っているのかよく確かめましょう．

◇　関数電卓を使う場合は〔deg〕か〔rad〕かを選択するモード設定が必要です．

角度 θ が $-\infty \sim \infty$ の任意の値をとる場合は，図 5.2 のように θ を X 軸から反時計方向にとります．n を任意の整数とすると，∠XOP の値は $360 \times n + \theta$ と複数の値をとります．図において，$\overline{\mathrm{OP}} = r$，点 P の座標を x, y とすると，$\sin\theta = y/r$，$\cos\theta = x/r$，$\tan\theta = y/x$ です．

よく用いられる角度と三角関数の値を表 5.1 に示しておきます．

表 5.1　主な角度における三角関数値

θ					
〔deg〕	0	30	45	60	90
〔rad〕	0	$\pi/6$	$\pi/4$	$\pi/3$	$\pi/2$
$\sin\theta$	0	0.500	$1/\sqrt{2} \cong 0.707$	$\sqrt{3}/2 \cong 0.866$	1.000
$\cos\theta$	1.000	$\sqrt{3}/2 \cong 0.866$	$1/\sqrt{2} \cong 0.707$	0.500	0
$\tan\theta$	0	$1/\sqrt{3} \cong 0.557$	1.000	$\sqrt{3} \cong 1.732$	∞

◇　これらの値はしばしば現れます．〔deg〕と〔rad〕の関係，三角関数の値がすぐ頭に浮かぶよう習熟してください．

三角関数の値は，図 5.3 のように半径 1 の円を描き，角 XOP を θ とするとき，$\sin\theta = \overline{\mathrm{PC}}$，$\cos\theta = \overline{\mathrm{OC}}$，$\tan\theta = \overline{\mathrm{AT}}$ $\cot\theta = \overline{\mathrm{BT'}}$ 等で表されます．また，これらの三角関数を θ を横軸にとって描くと図 5.4 のようになります．

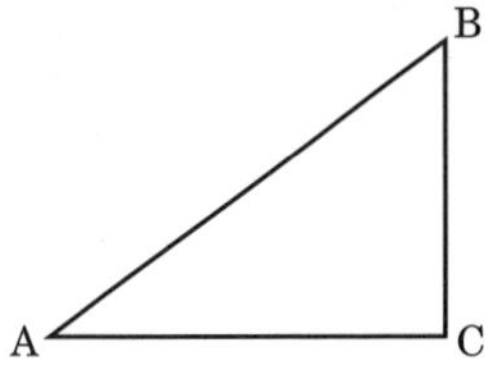

$$\frac{\mathrm{BC}}{\mathrm{AB}} = \sin \mathrm{A}, \quad \frac{\mathrm{AC}}{\mathrm{AB}} = \cos \mathrm{A}$$
$$\frac{\mathrm{BC}}{\mathrm{AC}} = \tan \mathrm{A}, \quad \frac{\mathrm{AC}}{\mathrm{BC}} = \cot \mathrm{A}$$
$$\frac{\mathrm{AB}}{\mathrm{AC}} = \sec \mathrm{A}, \quad \frac{\mathrm{AB}}{\mathrm{BC}} = \operatorname{cosec} \mathrm{A}$$

図 **5.1**　鋭角の三角関数

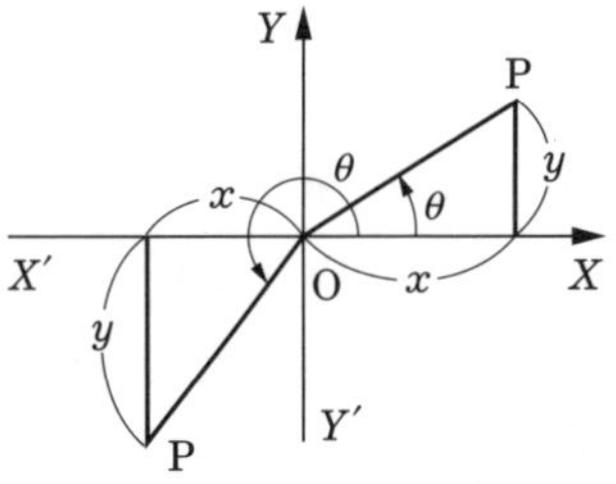

図 **5.2**　一般角の三角関数

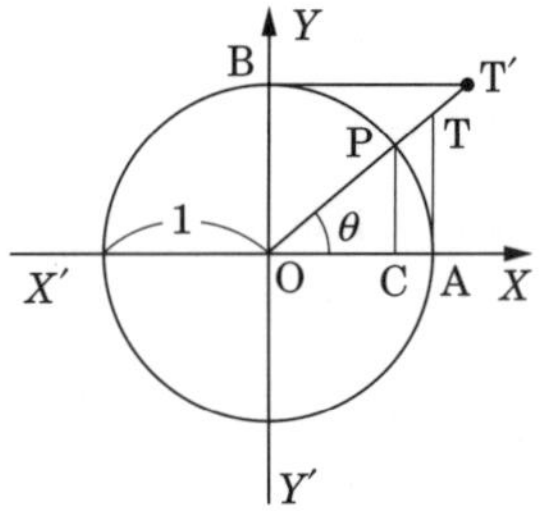

図 **5.3**　三角関数の線分表示

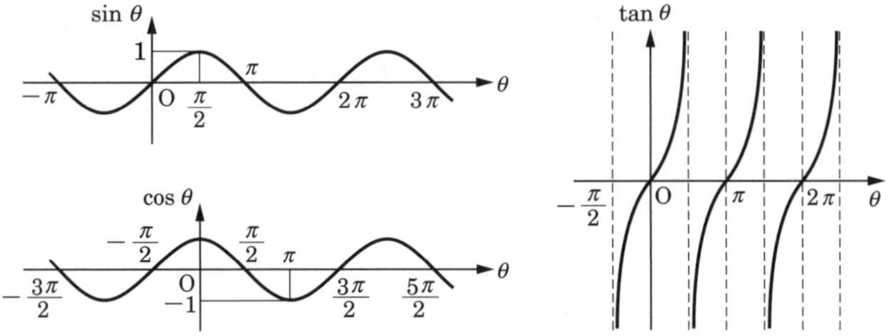

図 **5.4**　三角関数の図

◇　三角関数には基礎公式，加法定理，三角形・多角形の性質に関する法則など重要な公式が多数あります．付録 **A.3** に主なものをまとめてありますからぜひ活用してください．

5.2 ピーク値と実効値

ピーク値とは，対象とする波形の最大値をいいます．正弦波状に時間変化をする電圧 $v(t) = \mathrm{V}\cos\omega t$（V は実数）を考えると，そのピーク値は V であることはいうまでもありません．

しかし，この値が正弦波の実質的な大きさを表しているかというと疑問があります．v がこの値をとるのは瞬間であり，それ以外の時間はピーク値より小さい値をとるからです．そうかといって平均値をとると，正弦波は正負の値を均等にとりますからゼロになってしまいます．

そこで，実質的な大きさを電力で考えることにします．抵抗 R〔Ω〕に直流電圧 V_{dc}〔V〕を加えると，抵抗内で消費される電力 W_{dc}〔W〕は V_{dc}^2/R〔W〕になります．これに対し，$v(t) = \mathrm{V}\cos(\omega t)$〔V〕の交流電圧を加えると，平均電力 W_{ac}〔W〕は $v^2(t)/R$ を正弦波 1 周期 $T = 1/f = 2\pi/\omega$〔s〕間平均して次のようになります．

$$W_{ac} = \frac{1}{T}\int_0^T \frac{\mathrm{V}^2\cos^2\omega t}{R}dt = \frac{\mathrm{V}^2}{2R} \tag{5.1}$$

抵抗内で消費される電力が等しいとき直流と交流の効果が等しいとすると，$\mathrm{V}_{dc}^2 = \mathrm{V}^2/2$，すなわち，$\mathrm{V}_{dc} = \mathrm{V}/\sqrt{2}$ の関係が成り立つ必要があります．

図 5.5 に $\cos(\omega t)$ と $\cos^2(\omega t)$ の波形を示します．これは $\mathrm{V} = 1$〔V〕，$R = 1$〔Ω〕とした場合の電圧と電力の瞬時波形を表しています．図 5.6 に，1/2 が電力の平均になっている様子を示します．

このことから，交流のピーク値の $1/\sqrt{2} \cong 0.707$ が実質的な大きさであるといえます．これを正弦波の**実効値**といい，V_{eff} と表します．この値は正弦波の 2 乗平均の平方根をとっていますから，**rms** (root mean square) とも呼ばれます．実効値とピーク値 V の間には次の関係があることがわかります．

$$\mathrm{V}_{eff} = \frac{\mathrm{V}}{\sqrt{2}} \cong 0.707\mathrm{V} \tag{5.2}$$

ただし，この関係が成り立つのは正弦波の場合に限ります．矩形波やのこぎり波の場合は変わってきますから，注意してください．

参考 ◇　余弦波？

正弦波というからには $v(t) = \mathrm{V}\sin\omega t$ を用いるべきではないか？　という疑問もあろうかと思います．cos を用いるのは，次節に述べる記述上の約束に基づくもので，この約束を変えれば sin で表すことももちろん可能です．

ここでは，一般により多く用いられている cos 表示を使います．cos 波も位相が違うだけで，正弦波状に変化する波だと理解してください．

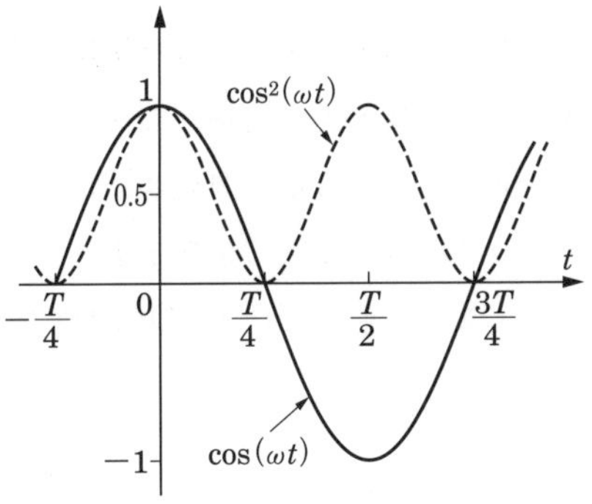

図 **5.5**　$\cos(\omega t)$ と $\cos^2(\omega t)$

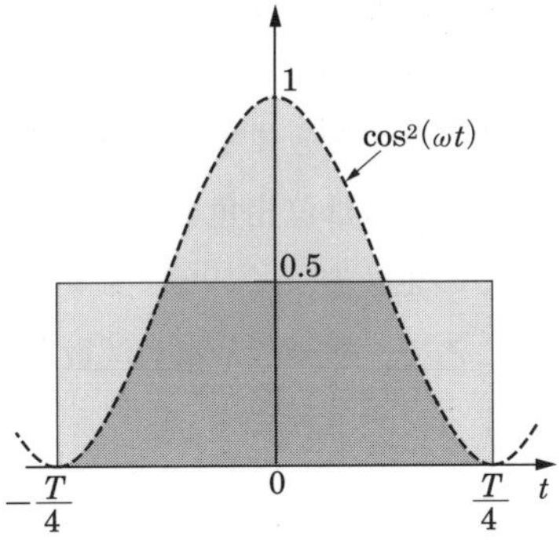

図 **5.6**　$\cos^2(\omega t)$ とその平均

§例題 5.1§　実効値 100〔V〕，周波数 50〔Hz〕，位相角 $\varphi = 30$〔deg〕の単一正弦波電圧を時間関数として式で示しなさい．

†解答†

電圧値は $v(t) = \mathrm{V}\cos(\omega t + \varphi)$ と表すことができます．

ここで，$\mathrm{V} = \sqrt{2} \times 100 \cong 141$〔V〕，$\omega = 2\pi \times 50 \cong 314$〔rad/s〕，$\varphi = \pi/6\ (\cong 0.52)$〔rad〕ですから，式は次のようになります．

$$v(t) = 141\cos(2\pi \times 50t + \pi/6) \cong 141\cos(314t + 0.52)\quad \text{〔V〕}$$

◇　一般に式の表示の中に π や $\sqrt{*}$ などの記号や分数をそのまま残したりするのはよくありません．見た人に数値のイメージがわかないからです．一目でわかる形にして提示するよう心がけましょう．

◇　ただし，角度表示に〔rad〕を用いるときは π を用いてもよいことにします．これは，このままでイメージがわきやすいからです．

◇　角度表示に〔rad〕と〔deg〕を混在させてはいけません．式中では〔rad〕で統一しましょう．解答中では 30〔deg〕を $\pi/6 \cong 0.52$〔rad〕として表しています．

5.3　$e^{j\varphi}$ とは

正数，ゼロ，負数を総称して**実数**といいますが，この概念を拡張したものに**複素数**があります．複素数は一般に $x+jy$ と表されます．ここに，x,y は実数，j は $\sqrt{-1}$ で，jy を**虚数**といいます．この値はまた，$R\arg\varphi$ または $R\angle\varphi$ とも書くことができます．ここに，$R = \sqrt{x^2+y^2}$ は複素数の**絶対値**，$\varphi = \tan^{-1}(y/x)$ は複素数の**偏角**と呼ばれます．

複素数は図 5.7 のように，横軸を実数 x，縦軸を虚数 jy にとった**複素平面**上に表すことができます．R は複素数の大きさ，φ は複素数が実軸となす角を表します．複素数は位相角を持っていますから，位相を有する量，例えば，電圧・電流などの正弦波，インピーダンスなどを表すのに不可欠な数になります．

ところで，複素数と指数関数を結びつける表現として，**オイラーの公式**があり，次のように表されます．

$$e^{j\varphi} \;=\; \cos\varphi + j\sin\varphi \tag{5.3}$$

これは $\cos\varphi$ と $j\sin\varphi$ を展開した級数の和をとると，$e^{j\varphi}$ になることから納得できると思います（付録 **A.6** 参照）．この公式は正弦波状に変化する諸量の演算をする上で非常に便利で重要な公式です．

指数表示には次のような長所あります．

- 乗除算が指数の加減算で表せる．例えば，$e^{j\omega t}\times e^{j\varphi} \;=\; e^{j(\omega t+\varphi)}$
- 微積分が $j\omega$ の乗除算で表せる．例えば，$d(e^{j\omega t})/dt \;=\; j\omega(e^{j\omega t})$

式 (5.3) から，$e^{j\varphi}$ を複素平面上に描くと，絶対値が 1，偏角が φ になることがわかります．したがって，例えば大きさが $|Z|$ で，位相角 φ のインピーダンスは，$Z \;=\; |Z|e^{j\varphi}$ と書くことができます．

大きさ |V|，位相角 $(\omega t+\varphi)$ という電圧を表すには，この φ の代わりに $(\omega t+\varphi)$ をとれば良いわけです．この場合，時間 t が増えると，$V = |\mathrm{V}|e^{j(\omega t+\varphi)}$ は複素面上で原点を中心とした半径 $|V|$ 上の円を描くことになります．この様子を図 5.8 に示します．この複素数の実数部は $V = |\mathrm{V}|\cos(\omega t+\varphi)$ となります．

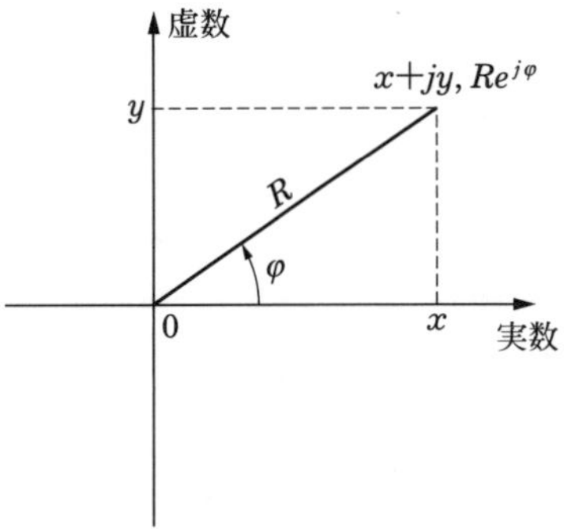

図 **5.7** 複素数の複素面表示

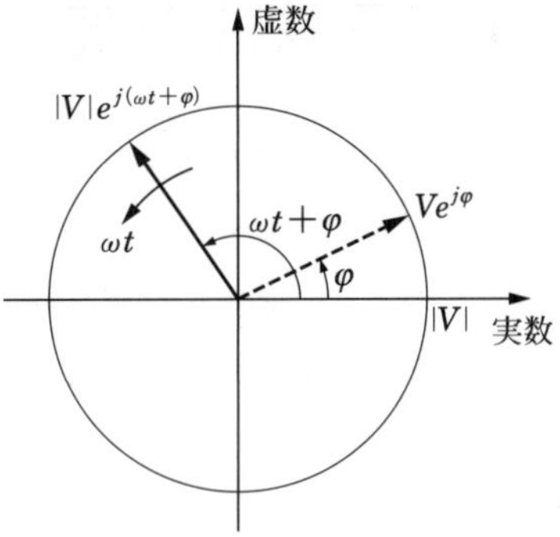

図 **5.8** $|V|e^{j(\omega t+\varphi)}$ の複素面表示

§ 例題 5.2§ インピーダンス $Z = 50 - j50$〔Ω〕を $|Z|e^{j\varphi}$ の形で表しなさい.

† 解答 †

$|Z| = \sqrt{50^2 + (-50)^2} = 70.7$〔Ω〕, $\varphi = \tan^{-1}(-50/50) = -\pi/4$〔rad〕ですから, 次のように表されます.

$$Z = 70.7e^{-j\pi/4}〔\Omega〕$$

§ 例題 5.3§ $\cos\omega t$ および $\sin\omega t$ を, $e^{j\omega t}$ および $e^{-j\omega t}$ を用いて表しなさい.

† 解答 †

オイラーの公式および同公式で, $j\omega t \rightarrow -j\omega t$ と置き換えると,

$$e^{j\omega t} = \cos\omega t + j\sin\omega t$$

$$e^{-j\omega t} = \cos(-\omega t) + j\sin(-\omega t) = \cos\omega t - j\sin\omega t$$

両式を足して（または引いて）2（または $2j$）で割ると次式を得ます.

$$\cos\omega t = \frac{e^{j\omega t} + e^{-j\omega t}}{2}, \qquad \sin\omega t = \frac{e^{j\omega t} - e^{-j\omega t}}{2j} \tag{5.4}$$

◇ e^{jx} が e^{x} だと, cosh および sinh になります. これらは, それぞれ, **双曲線余弦**, **双曲線正弦**と呼ばれます.

$$\cosh x = \frac{e^{x} + e^{-x}}{2}, \qquad \sinh x = \frac{e^{x} - e^{-x}}{2} \tag{5.5}$$

5.4 正弦波の表示法

正弦波状に時間変化をする関数 $v(t) = |\mathrm{V}|\cos(\omega t + \varphi)$ があるとします．この波形は瞬時瞬時の値がはっきりしており，オシロスコープなどで見ることができます．このように表現した値を**瞬時値**あるいは瞬時量といいます．瞬時値 $v(t)$ は直感的にはわかりやすいのですが，演算をするときには不便な形です．

そこで，$e^{j\varphi}$ 表現を導入します．まず，$\mathrm{V} = |\mathrm{V}|e^{j\varphi}$ を考えると，V は時間に関係のない複素数です．このような値を（**スカラ**）**フェーザ**と呼びます．

◇ フェーザはベクトルと呼ばれることもあります．しかし，この表現は第 2 章で述べた空間的なベクトルと混同されますから避けたほうがようでしょう．

フェーザを使って，この正弦波を $V(t) = \mathrm{V}e^{j\omega t} = |\mathrm{V}|e^{j(\omega t+\varphi)}$ と表すことにし，その実数部が実際我々が目で見る瞬時値 $v(t)$ であると取り決めます．$V(t) = \mathrm{V}e^{j\omega t}$ のような表現を $\boldsymbol{e^{j\omega t}}$ **表示**と呼ぶことにします．

オイラーの公式を用いれば，

$$\begin{aligned} V(t) &= \mathrm{V}e^{j\omega t} = |\mathrm{V}|e^{j\varphi}e^{j\omega t} = |\mathrm{V}|e^{j(\omega t+\varphi)} \\ &= |\mathrm{V}|\{\cos(\omega t+\varphi) + j\sin(\omega t+\varphi)\} \end{aligned} \tag{5.6}$$

ですから，$V(t)$ の実数部が正弦波 $v(t)$ を表すことは明らかです．実数部を表すのに Re を用いますが，これを使うと次のようになります．

$$\mathrm{Re}[\mathrm{V}e^{j\omega t}] = |\mathrm{V}|\cos(\omega t+\varphi) \tag{5.7}$$

ここまで，フェーザは V，$e^{j\omega t}$ 表示は V を使って区別してきました．しかし，取り扱っている波が正弦波であり，周波数がはっきりしているときは，V と V を区別せず V で表すことが多くあります．

例えば，実効値 100〔V〕, 周波数 50〔Hz〕, 位相角 30〔deg〕の交流をフェーザと $e^{j\omega t}$ 表示を区別して表現するならば，$\mathrm{V} \cong 141e^{j\pi/6}$〔V〕, $V \cong 141e^{j(2\pi\times 50t+\pi/6)}$〔V〕となります．しかし，V を V に置き換えた $V = 141e^{j\pi/6}$〔V〕という表現も現実によく使われています．

参考 ◇ **ベクトル量の場合**

取り扱いたい量がベクトルである場合もしばしばおきます．この場合もスカラ量の場合と同様に取り扱うことができます．

例えば電界ベクトル $\boldsymbol{E}$ が正弦的に変化するとき，瞬時値 $\boldsymbol{e}(x,y,z,t)$ は次のように表されます．

$$\boldsymbol{e}(x,y,z,t) \;=\; \mathrm{Re}[\boldsymbol{E}(x,y,z,t)] \;=\; \mathbf{E}(x,y,z)\cos\omega t \tag{5.8}$$

$\mathbf{E}(x,y,z)$ は時間に関係のない複素ベクトルで（**ベクトル**）**フェーザ**と呼ばれます．

$\boldsymbol{E}(x,y,z,t)=\mathbf{E}(x,y,z)e^{j\omega t}$ は $e^{j\omega t}$ 表示です．しかし前後の状況で簡単に判別できるときは，$\boldsymbol{E}$ と $\mathbf{E}$ を区別せず，単に $\boldsymbol{E}$ と表します．

§例題 5.4§ 実効値 10〔mV〕，周波数 300〔kHz〕，位相角 60〔deg〕の電圧を(1) フェーザ，(2) $e^{j\omega t}$，(3) 瞬時値で表示しなさい．

†解答†

(1) フェーザ表示　$\mathrm{V} \;=\; 1.41\times10^{-2}e^{j\pi/3}$〔V〕

(2) $e^{j\omega t}$ 表示　$V \;=\; 1.41\times10^{-2}e^{j(6\times10^5\pi t+\pi/3)}$〔V〕

(3) 瞬時値表示　$v \;=\; 1.41\times10^{-2}\cos(6\times10^5\pi t+\pi/3)$〔V〕

参考 ◇ **j を掛けると？　j で割ると？**

正弦波を微分するときは $j\omega$ を掛け，積分するときは $j\omega$ で割りますから，これらの量はしばしば現れます．例えば V と jV はどう違うのでしょうか？

9.2 節に述べたように，$e^{j\varphi}$ を複素面上で描くと半径 1 の円を描きます．したがって，$\varphi \;=\; \pi/2$ のときこの値は j になります．このことは，オイラーの公式に $\varphi \;=\; \pi/2$ を代入すると j になることからも明らかです．

$\cos 2\pi ft$ と $\cos(2\pi ft+\pi/2)$ の図を t を横軸にとって描くと $\cos(2\pi ft+\pi/2)$ の方が $\pi/2$ だけ先行していることがわかります．これから，j を掛けるということは位相を 90〔deg〕進ませるということになります．

逆に j で割るということは $1/j=-j$ ですから，$\varphi=-\pi/2$ となったことを意味します．すなわち，j で割ると位相を 90〔deg〕遅らせることになります．

章末問題 5

1　実効値 1.5〔mA〕の正弦波電流のピーク値はいくらになりますか？

2　問 1 の電流が負荷抵抗 50〔Ω〕に流れるとき，負荷で消費される電力はいくらですか？　また，ピーク値 1.5〔mA〕の正弦波電流が流れたときはいくらになりますか？

3　次の値を求めなさい．
(1) e^{j0}　(2) $|e^{j\times 1}|$　(3) $e^{|j\times 1|}$

4　α を実数とするとき，$(\cos\theta + j\sin\theta)^{\alpha} = \cos\alpha\theta + j\sin\alpha\theta$ となることを示しなさい．

5　実効値 20〔μV〕，周波数 800〔MHz〕，位相角 45〔deg〕の電圧を (1) フェーザ，(2) $e^{j\omega t}$，(3) 瞬時値で表示しなさい．

6　電界のフェーザが $\boldsymbol{E} = \boldsymbol{a}_x E_0 e^{-j\beta z}$ で表される角周波数 ω の単一正弦波があります．E_0 の位相角が φ であるとき，この波形の瞬時値 $\boldsymbol{e}(z,t)$ を表しなさい．

†ヒント†

1　正弦波であれば，実効値とピーク値の関係は電流であっても同じ．

2　$W = I^2R$ における I は実効値ですか？　ピーク値ですか？

3　これらの違いを身につけましょう．
(1) $j0 = ?$　a が実数のとき $a^0 = ?$
(2) $|e^{j\times 1}|$ は $e^{|j\times 1|}$ ではありません．
(3) $|j\times 1| = ?$

4　$e^{j\theta}$ の形で考えます．
◇　この式を **De Moivre の定理**といいます．

5　49 ページの例題にならって表示してください．

6　$e^{j\omega t}$ を掛けて実数部分を取ればよい．

6 信号と帯域幅

時間とともに変化するある波形を考えます．前節では純粋な正弦波 $v(t) = |\mathrm{V}|\cos(2\pi ft + \varphi)$ を考えました．この波形の周波数は f だけで，これ以外の周波数成分は含んでいません．しかし，一般にわれわれが対象とする信号は純粋な正弦波ではなく，複雑な波形をしています．

“複雑な波形” といった場合，一般には時間に対して波形がどのように変化するかを考えるのが普通です．一方，この波形は “どのような周波数成分を含んでいるか” という見方もあります．ある波形が急激に変化するほど，この波形は高い周波数成分を持っており，複雑に変化するほどその周波数成分は広がります．

本章では “この間にどのような関連があるのか” について，次の事項を学習します．

(1)　時間と周波数

(2)　アナログ信号

(3)　ディジタル信号

(4)　アナログディジタル変換

(1) では，ある波形の時間変化と周波数成分は表裏一体の関係があり，お互いはフーリエ変換で関係付けられていることを述べます．(2) では，われわれに身近なアナログ信号である音声，画像などが一般にどのような周波数成分を持っているのかを紹介します．(3) では，ディジタル信号をパルス列と考え，これがどのような帯域幅を持つのかを求めます．最近のディジタル通信に適応するにはアナログ信号をディジタル化しなければなりません．(4) では，この変換の方法と，変換されたディジタル信号がどのような帯域幅を持つのかを考えます．

6.1 時間と周波数

前章で述べた正弦波波形を $x(t) = \mathrm{A}\cos(2\pi f_0 t + \varphi) = \mathrm{A}\cos(\omega_0 t + \varphi)$ とすると，$x(t)$ は図 6.1 (a) のように，時間とともに正弦波状に繰り返し変化しますが，その周波数成分は $f_0 = 1/T$（T は周期）だけです．ある波形の周波数成分をその波形の**スペクトル**といいますが，この場合スペクトルは図 6.1 (b) のように f_0 における大きさ A の線スペクトルだけで，それ以上の広がりはありません．

一般に，われわれが送りたい情報は次節に述べるように複雑な波形をしています．この場合の波形は多くの正弦波の集合とみなすことができ，スペクトルは広がりをもってきます．このように時間変化とその周波数成分は裏腹の関係にあり，ある時間波形が与えられればその周波数スペクトルは決まってきますし，周波数成分が与えられれば時間波形を求めることができます．この変換を行ってくれる重要なツールとして**フーリエ級数**と**フーリエ変換**があります．

$x(t)$ が $f_0 = 1/T$ の繰り返し信号の場合は次のフーリエ級数に展開されます．

$$x(t) = A_0 + 2\sum_{n=1}^{\infty}(A_n \cos 2\pi f_0 nt + B_n \sin 2\pi f_0 nt) \tag{6.1}$$

$$A_n = \frac{1}{T}\int_{-T/2}^{T/2} x(t)\cos 2\pi f_0 ntdt, \quad B_n = \frac{1}{T}\int_{-T/2}^{T/2} x(t)\sin 2\pi f_0 ntdt$$

A_0 はこの波形の直流 (DC) 成分です．波形の平均値がゼロであればこの項はなくなります．A_1 と B_1 は繰り返し周波数 f_0 成分の大きさを表します．この波を**基本波**，繰り返し周波数を**基本周波数**といいます．A_n と B_n は基本周波数の n 倍の周波数成分を表します．これらを n 次の**高調波**といいます．

繰り返し波形でない一般的な波形 $x(t)$ に対しては，フーリエ変換によりスペクトル $X(f)$ が，また，逆フーリエ変換により $X(f)$ から $x(t)$ が 求められます．これらの関係は次式により与えられます．

$$X(f) = \int_{-\infty}^{\infty} x(t)e^{-j2\pi ft}dt \tag{6.2}$$

$$x(t) = \int_{-\infty}^{\infty} X(f)e^{j2\pi ft}df \tag{6.3}$$

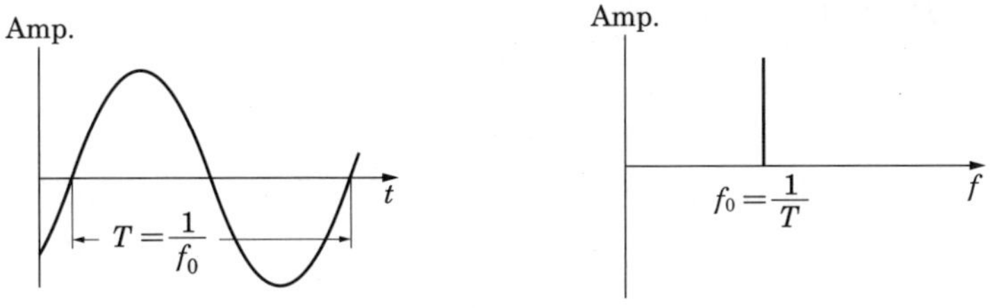

(a)　時間領域　　(b)　周波数領域

図 6.1　正弦波とスペクトル

§例題 6.1§　図 6.2 (a) のパルス列 $x(t)$ をフーリエ級数に展開し，スペクトル図を描きなさい．

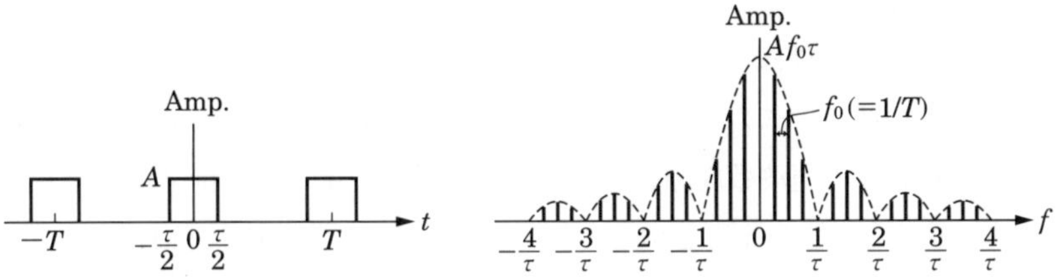

(a) パルス列波形　　(b) スペクトル

図 6.2　パルス列の波形とスペクトル

†解答†

各係数は次のように求められます．

$$
\begin{aligned}
A_0 &= \frac{1}{T_0}\int_{-T_0/2}^{T_0/2} x(t)dt = \frac{A\tau}{T_0} = A\tau f_0 \\
A_n &= \frac{1}{T_0}\int_{-T_0/2}^{T_0/2} x(t)\cos 2\pi f_0 ntdt = A\tau f_0 \frac{\sin n\pi\tau f_0}{n\pi\tau f_0} \\
B_n &= \frac{1}{T_0}\int_{-T_0/2}^{T_0/2} x(t)\sin 2\pi f_0 ntdt = 0
\end{aligned}
$$

これらを式 (6.1) に代入して式 (6.4) を得ます．

$$x(t) = A\tau f_0 + 2A\tau f_0 \sum_{n=1}^{\infty}\left(\frac{\sin n\pi\tau f_0}{n\pi\tau f_0}\right)\cos 2n\pi f_0 t \tag{6.4}$$

ここで $-n$ を考えると $A_{-n} = A_n$ です．これは負の周波数を導入したことに等しく，これを用いてスペクトル図を描くと図 6.2 (b) のようになります．

6.2 アナログ信号

ここで，通信に関連の深いいろいろなアナログ信号の性質を概観してみることにします．例えば電池電圧のように，一定と考えられる電圧の周波数成分はゼロだけです．商用電源や搬送波のように純粋な正弦波は，その周波数の成分だけを有しますから，図 6.1 (b) のような線スペクトルになります．

ある地点の温度を電圧に変換して観測する場合を考えると，電圧はほとんど変化しないか，ごくゆっくりした変化しかしません．変化しない場合は直流電圧になりますから，この場合の周波数成分はゼロを含み非常に低い範囲を考えれば良いことになります．ただし，これを伝送するとなると，安定した直流増幅器が必要になるため，回路構成上の困難が生じます．

音声は，人により，また発音する文字によって変わりますが，最低数十〔Hz〕から十数〔kHz〕の周波数成分を持っています．図 6.3 はこの例を示したものです．音声を忠実に伝送しようとすると，次章に述べるように数十〔kHz〕以上の広い帯域幅を取ってしまいます．そこで，ある程度の音質の変化は犠牲にして，周波数を制限します．一般に 300 ~ 3,400〔Hz〕の成分を伝送するようにしています．余裕をみて，4〔kHz〕の帯域幅を取っていると考えてください．

音楽は，楽器によりますが，音声よりもう少し広い周波数成分を持っています．この場合は周波数をカットすると音質を損ねますので，事情の許す限り広い周波数帯域を取って忠実に伝送するようにします．

画像の場合は，その種類によりますが，もっとずっと広いスペクトルを持っています．これをテレビ放送する場合を考えてみます．後述するように，ディジタル化する場合は画像の種類により使い分けますが，アナログテレビでは，一様にほぼ 4〔MHz〕の帯域幅を与えています．これを伝送するには音声の 1,000〔倍〕の帯域幅が必要だということになります．実際には音声を乗せたり，変調方式の関係から，1 チャネルあたり 6〔MHz〕を取っています．アナログテレビの時間波形と周波数スペクトルを図 6.4 に示します．図中のカラー搬送波，I, Q 信号はカラーを送るためのもので，これがなければ白黒テレビになります．

参考 ◇　信号の帯域幅と通信路の帯域幅

ある信号を通信路を通して伝送する場合，信号の忠実度を重視しすぎると，伝送路の帯域幅を広く取らなければならず周波数の有効利用ができませんし，雑音や干渉の影響を受けたりします．逆に信号の周波数成分をカットしすぎると，伝送路の帯域幅は狭くてすみますがひずみが大きくなります．両者が歩み寄ってほぼ等しい帯域幅を持つようにしなければなりません．

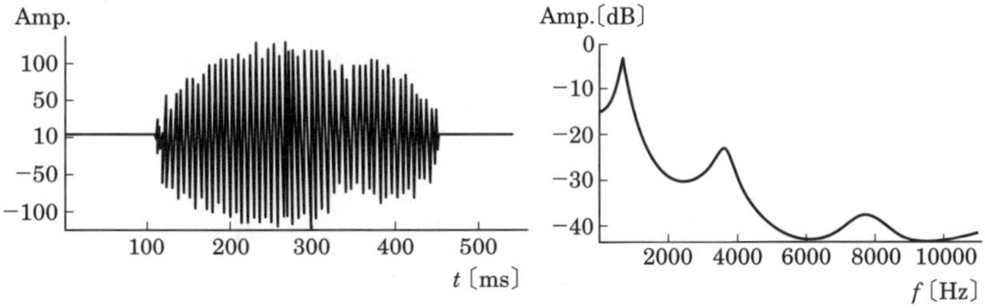

(a)　「ア」の音声波形　　(b)　「ア」のスペクトル

図 **6.3**　音声波形と周波数スペクトル例

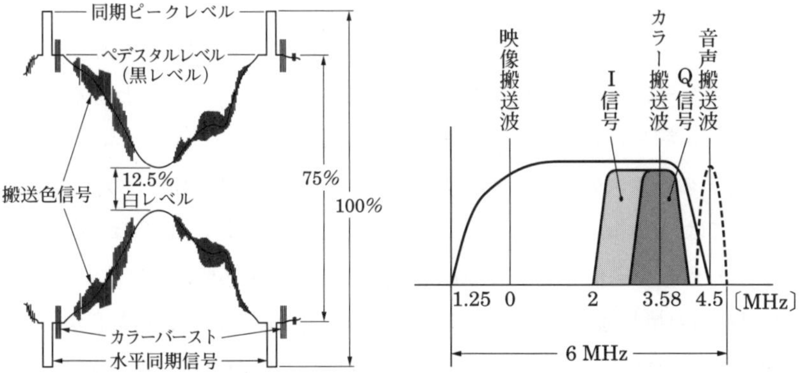

(a)　時間領域　　(b)　周波数領域

図 **6.4**　アナログ TV の波形とスペクトル

6.3 ディジタル信号

ディジタル信号を矩形パルスと考えると，その波形およびスペクトルは図 6.5 のようになります．(b) からわかるように，矩形パルスのスペクトルは無限の広がりを持っています．三角波でも，梯形波でも形は変わりますが無限に広がりますし，正弦波にパルスを乗せた変調波も広がりを持ってきます．

次に図 6.6 (a) のような幅 τ〔s〕のパルスを，(b) に示すような理想的な矩形帯域幅 B_T を持つ低域通過フィルタを通すとどうなるかを考えます．計算の過程は省略しますが，種々の B_T に対する出力波形は (c) のようになります．

◇　理想フィルタのため，パルスの加わる前から出力が立ち上がっています．

この図から次のようなことがわかります．

(1) $B < 1/\tau$ の場合．例えば，(c) において $B = 1/(2\tau)$，$B = 1/(4\tau)$ 時の出力を見ると，帯域幅が狭くなるほど出力は幅が広がり，振幅が減少しています．これでは送信信号は忠実に伝送されません．

(2) $B = 1/\tau$ の場合．受信信号は三角形に近くなっていますが，パルスとして認識でき，パルス幅もほぼ τ とみなせます．

(3) $B > 1/\tau$ の場合．帯域幅が広くなるほど受信信号の立ち上がり，立下りが急峻になり，送信信号を忠実に再現するようになります．

このように見ると，周波数帯域幅をできるだけ節約して再現性を保つには，$B = 1/\tau$ にするのが一応の目安になります．これは，図 6.5 (b) からもわかるとおり，矩形波のエネルギーの大部分が $f = 1/\tau$ 以下に集中しているからです．

パルス幅 τ のパルス列の送出速度 R は $1/\tau$ ですから，R〔bps〕の情報源通信速度に対しては，$B_T = R$〔Hz〕の帯域幅が必要だといえます．例えば 10〔kbps〕のディジタル信号を送信するには 10〔kHz〕の帯域幅が必要になります．

21 世紀初頭の情報通信におけるキーワードの 1 つに**ブロードバンド**があります．音声のみの通信から，テキスト，画像の通信へといわゆるマルチメディア通信が要求されるほど，情報源通信速度は速くなり，それに対応するために広帯域（ブロードバンド）通信路が必要になるわけです．

参考 ◇　単一パルスのスペクトル

図 6.5 (a) に示す単一矩形パルスのスペクトル $X(f)$ はフーリエ変換により式 (6.5)，図 6.5 (b) のように連続スペクトルになります．これは，パルス列における繰り返し時間が広がり，$1/T$ が小さくなった極限と解釈できます．

$$X(f) \quad = \quad A\tau\frac{\sin\pi f\tau}{\pi f\tau} \tag{6.5}$$

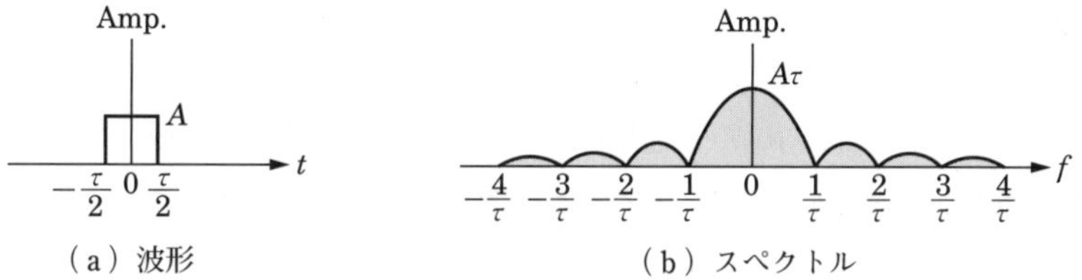

図 6.5　単一パルスとスペクトル

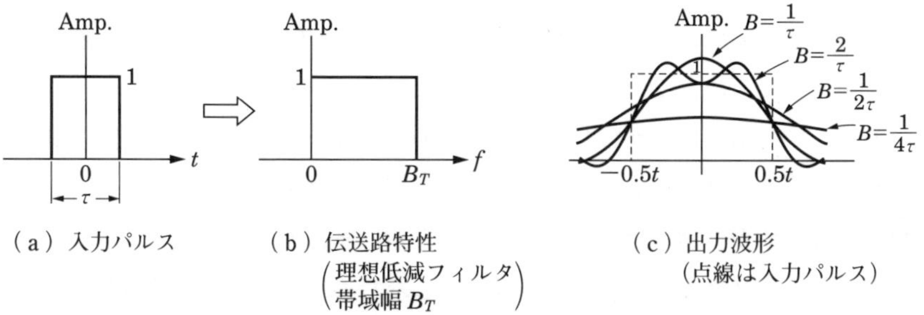

図 6.6　矩形パルスを低域通過フィルタに加えた場合の出力波形

§ 例題 6.2§　パルス幅が 1.0〔ns〕，繰り返し周期が 1.0〔ms〕のパルス列があります．この波形を伝送するのに必要な帯域幅はいくらですか？　また，パルス幅が 1.0〔μs〕だとどうなりますか？

† 解答 †

$\tau = 1.0$〔ns〕の場合は，$B = 1/(1.0 \times 10^{-9}) = 10^9$〔Hz〕=1.0〔GHz〕.

$\tau = 1.0$〔μs〕の場合は，$B = 1/(1.0 \times 10^{-6}) = 10^6$〔Hz〕=1.0〔MHz〕.

◇　繰り返し周期には関係しない点に注意してください．

6.4 アナログディジタル変換

信号の伝送には，アナログ信号を送る方式とディジタル信号を送る方式がありますが，最近はディジタル伝送が主体になっています．そこで，アナログ信号をディジタル信号に変換する必要が生じます．これは次の手順にしたがって行われ，この方式を**パルス符号変調**または **PCM**(Pulse Code Modulation) といいます．

(1) **標本化**

一定周期ごとにアナログ信号のサンプル値を取り出します．これを標本化ないしは**サンプリング**，取り出す一定周期を**サンプリング周期**，この逆数を**サンプリング周波数**といいます．サンプリングは，**標本化定理**にしたがって，アナログ信号の持つ最高周波数の 2 倍以上の周波数で行わなければなりません．

(2) **量子化**

サンプルした振幅を有限段階 Q に分けて，対応する区間の値に置き換えます．これを量子化といい，段階 Q を**量子化レベル**と呼びます．一般に Q の値は次の符号化を考えて，$Q = 2^{\nu}$（ν は正の整数)に選びます．

Q (ν) をいくらにするかは目的により変わります．量子化により実際の値とは誤差が生じます．量子化レベルを粗くするとディジタル化した場合のビット数は少なくなりますが，誤差は大きくなります．逆に密にすると，誤差は少なくなりますが，ビット数は多くなります．量子化したために生じる誤差は雑音同様に影響を与えますから，**量子化雑音**と呼びます．

(3) **符号化**

量子化した値を ν ビットの 1, 0 信号で表します．上に述べたように $\nu = \log_2 Q$ の関係があります．

図 6.7 は $\nu = 4$ ($Q = 16$) ビットで符合化した場合の各段階における信号を示します．量子化によりサンプル値が変化している点に注意してください．

音声や映像をディジタル化する場合，場合普通 $Q = 128$ または 256 ($\nu = 7$ または 8) が用いられます．ハイファイ録音や HDTV などの場合はこの値が大きくなります．

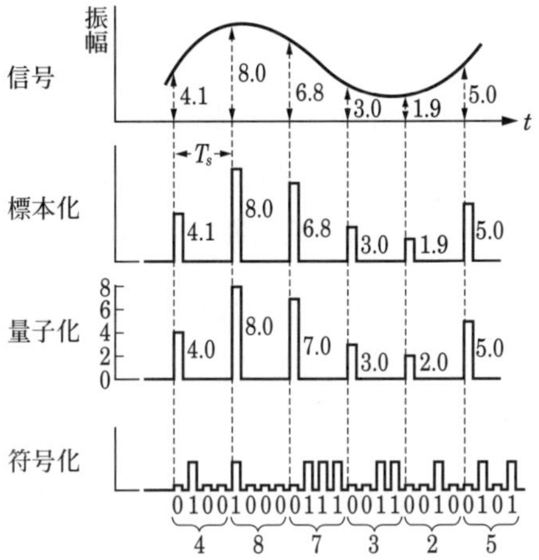

図 **6.7** アナログ信号のディジタル変換例

§例題 6.3§ 最高周波数成分が 4.0〔kHz〕のアナログ信号の振幅を $Q = 256$ 段階に分けてディジタル化した場合．信号送出速度 R はいくらになりますか？

†解答†

標本化周波数は $2 \times 4.0 = 8.0$〔kHz〕．$\nu = \log_2 256 = 8$〔bit〕ですから，

$$R = 8.0 \times 8 = 64.0\text{〔kbps〕} \tag{6.6}$$

参考◇ **A/D 変換した場合の所要帯域幅**

上の例題は帯域制限した音声をディジタル化する場合の典型例です．元のアナログ信号と比べてみると，64〔kbps〕のパルス列を送るには概略 64〔kHz〕の帯域幅を必要としますから，ディジタル化すると大幅に帯域幅を増やさなければならないことになります．

このままではディジタル化するメリットがありませんから，帯域幅が少なくてすむようにいろいろな工夫がなされます．画像信号についても同様です．帯域圧縮については第 13 章で概略を述べます．

章末問題6

1　振幅 A，パルス幅 τ の単一矩形パルスは式 (6.5) のように表されることを示しなさい．

2　次のアナログ信号を最高周波数成分が高いと思う順に並べなさい．

(1) テレビ会議　(2) スポーツ映像（従来 TV）　(3) 静止画像

(4) 音声（電話）　(5) 音楽（高品質）　(6) スポーツ映像（HDTV）

3　矩形波パルス列より $1/\tau$ 以上の周波数成分が少なくなるような波形列にはどのようなものがあると思いますか？

4　次の場合のディジタル信号の送出速度はいくらになりますか？

(1)　最高周波数成分が 20.0〔kHz〕の音楽を $Q = 2,048$ 段階に分けてディジタル化した場合．

(2)　最高周波数成分が 4.0〔MHz〕の映像を $Q = 256$ 段階に分けてディジタル化した場合．

5　上記の問題 4 の信号を伝送するにはどれだけの周波数幅が必要ですか？

†ヒント†

1　単一矩形パルス

$$X(f) = \int_{-\infty}^{\infty} Ae^{-j2\pi ft}dt = A\int_{-\tau/2}^{\tau/2} e^{-j2\pi ft}dt$$

2　テレビ会議は動きが少ない．

3　形状がスムースなほど高い周波数成分は減ります．

4　標本化周波数は最高周波数の 2 倍，$\nu = \log_2 Q$

5　$B = R$

7 変調と復調

情報を遠隔地点間で伝達する場合を考えてみましょう．例えば音声の場合，音声のままで出したのでは，いくら大音声に呼ばわっても，メガホンを使って指向性を持たせたにしても，到達距離はせいぜい数十メートルでしょう．そこで，伝搬特性が良い電波（これを搬送波といいます）に，情報の電気信号を乗せて送り，受信点でこれを元の信号に戻す技術が開発されました．前者が変調，後者が復調です．線路を引いてそれに信号を乗せる場合も同様なことが必要になります．

送りたい情報が音声であったり，自然の映像であったりすると，それらは連続信号です．このような信号をアナログ信号といい，アナログ信号を搬送波にのせることをアナログ変調，これから信号を取り出すことをアナログ復調といいます．一方，送りたい情報がコンピュータの内容のように 1, 0 であると，ディジタル変復調となります．

本章では，アナログ変調，ディジタル変調の種類と特性，これらがどのようにして行われるかをごく簡単に紹介しようと思います．

(1)　変調・復調の原理

(2)　アナログ変復調

(3)　ディジタル変復調

(4)　コード変復調（スペクトル拡散）

(1) では変調・復調がどのようにして行われるのか，その原理を簡単に述べます．(2) では，伝達したい情報がアナログ信号である場合のアナログ変復調について述べます．搬送波に信号を乗せる場合，振幅を変えるか，周波数を変えるか，位相を変えるかに大別されます．これらがどのような特長と欠点をもっているかを概説します．ディジタル変調においても，“1”, “0” 信号で搬送波の振幅を変えるか，周波数を変えるか，位相を変えるかに大別されます．(3) ではこの簡単な説明のほか，これらの方式を組み合わせた複合変調について述べます．(4) ではコードによる変復調について述べます．これはスペクトル拡散ともよばれ，携帯電話などで多用されています．

7.1 変調・復調の原理

信号で搬送波の振幅を変える振幅変調を考えてみましょう．入力と出力の振幅が比例するような回路を**線形回路**，比例しない回路を**非線形回路**といいます．信号と搬送波を線形回路に入れたのではそれぞれが増幅ないしは減衰するだけで，変調することはできません．変調するには非線形回路が必要になります．

図 7.1 (a) の非線形回路を考え，その入出力関係が (b) であるとします．この回路の動作点を A とし，入力が e_i だけ変化したときの出力の変化分を e_o としたとき，e_o は一般に次のように表すことができます．

$$e_o = a_1 e_i + a_2 e_i^2 + a_3 e_i^3 + \dots \tag{7.1}$$

搬送波を $\cos 2\pi f_c t$，信号を $x(t)$ とし，入力はこれらの和であるとします．簡単のため，式 (7.1) の第 2 項までをとると，

$$e_o(t) = a_1\{\cos 2\pi f_c t + x(t)\} + a_2\{\cos 2\pi f_c t + x(t)\}^2 \tag{7.2}$$

$$= a_1 x(t) + a_2 \cos^2 2\pi f_c t + a_2 x^2(t) + a_1\left\{1 + \frac{2a_2}{a_1}x(t)\right\}\cos 2\pi f_c t \tag{7.3}$$

式 (7.3) において，最初の 3 つの項は信号または搬送波だけの項で，ここでは不要な項です．最後の項は搬送波の振幅が信号により変化しており，これがここで必要とする変調波 $e_m(t)$ になり，$a_1 = A$，$2a_2/a_1 = m$ と置くと，$e_m(t) = A[1 + mx(t)]\cos 2\pi f_c t$ と表されます．

変調波から信号成分を取り出すことを復調といいます．復調するにはやはり非線形回路を用います．さらに簡単のため，変調波を $e_o = e_i^2$ という特性をもつ回路に加えたとすると，出力 $e_d(t)$ は，

$$e_d(t) = A^2[1 + mx(t)]^2 \cos^2 2\pi f_c t \tag{7.4}$$

となり，これを展開すると直流成分，$x(t)$ 成分，$x^2(t)$ 成分，搬送波の 2 倍の周波数成分などが出てくることがわかります．したがって，この中から $x(t)$ 成分だけを取り出せば信号成分を得ることができます．

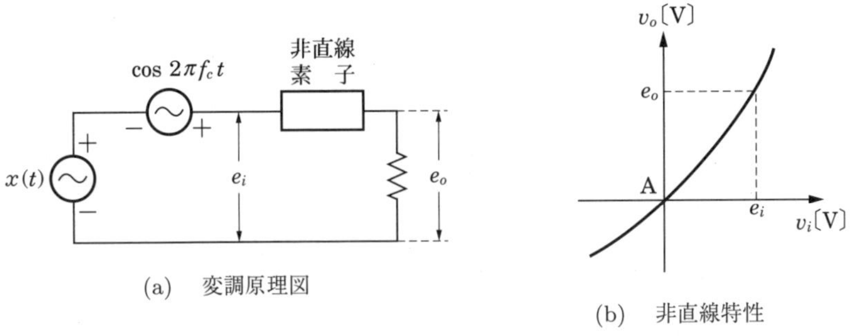

図 7.1　振幅変調回路とその特性

§例題 7.1§　増幅器が若干非直線性を持っており，その入出力特性が $e_o(t) = 10e_i + 0.5e_i^2$ で表されるとします．$e_i = 1.0\cos(2\pi\times1{,}000t) + 2.0\cos(2\pi\times5{,}000t)$〔V〕であるとき，出力に現れる周波数とその振幅を求めなさい．

†解答†

e_i の式を e_o の式に代入すると，$\cos^2$ の項や cos の積が出てきます．

これらを $\cos^2\alpha = (1/2)(1+\cos 2\alpha)$，$\cos\alpha\cos\beta = (1/2)\{\cos(\alpha+\beta) + \cos(\alpha-\beta)\}$ を用いて分解すると，次の周波数成分と振幅を得ることができます．

周波数〔Hz〕	振幅〔V〕	備考
0	1.25	直流成分
1,000	10.0	入力周波数成分
2,000	0.25	入力周波数の 2 倍
4,000	0.5	入力周波数成分の差
5,000	20.0	入力周波数成分
6,000	0.5	入力周波数成分の和
10,000	1.0	入力周波数成分の 2 倍

◇　2 つの入力周波数成分はそれぞれ増幅されますが，そのほかに，直流成分，2 倍の成分，和と差の成分が現れることがわかります．

7.2 アナログ変復調

振幅が A_c, 周波数が f_c, 位相角が ϕ_c の搬送波 $c(t)$ は次式によって表されます.

$$c(t) = A_c \cos(2\pi f_c t + \phi_c) \tag{7.5}$$

この表示式において, A_c を変えるのが**振幅変調**, f_c を変えるのが**周波数変調**, ϕ_c を変えるのが**位相変調**となります. これらの波形を図 7.2 に示します. 振幅変調では, 搬送波の包絡線が変調信号の波形になります. 周波数変調では, 振幅は一定で, 変調信号の振幅が大きいときに搬送波の瞬時周波数が高くなります. 位相変調でも振幅は一定ですが, 変調信号の変化が大きいときに, 搬送波周波数が高く（または低く）なります.

伝達したいアナログ信号が $x(t) = A_m \cos(2\pi f_m t)$ であったとし, 式 (7.5) の搬送波を振幅変調したとすると, 変調波形 $e(t)$ は次式で表されます.

$$e(t) = A_c\{1 + m\cos(2\pi f_m t)\}\cos(2\pi f_c t) \tag{7.6}$$

$$= A_c\cos(2\pi f_c t) + \frac{mA_c}{2}\cos\{2\pi(f_c + f_m)t\} + \frac{mA_c}{2}\cos\{2\pi(f_c - f_m)t\} \tag{7.7}$$

ここに $m = A_m/A_c$ は**変調度**と呼ばれ, 変調の深さを示します. 式 (7.7) からわかるように, 変調波は f_c, $f_c \pm f_m$ の周波数成分を持ちます. この様子を図 7.3 (a) に示します. 単一正弦波でない, スペクトル幅を持った波形で変調すると, 同図 (b) のように, 搬送波周波数の両側に変調信号と同じスペクトルを対称に持つようになります. したがって, 振幅変調波形を通過させるには "$2\times$ (変調最高周波数)" の帯域幅が必要になります.

周波数変調と位相変調は兄弟のようなもので, まとめて**角度変調**と呼びます. 角度変調のスペクトルは振幅変調とは異なり, 理論的には無限に広がりますが, 実際上はエネルギーの大部分を含む周波数範囲を伝送することになります. 周波数変調では, この周波数範囲は $2\times(\Delta f +$ 信号の最高周波数$)$ となります. ここに, Δf は**周波数偏移**といい, 最大の周波数変化分を表します.

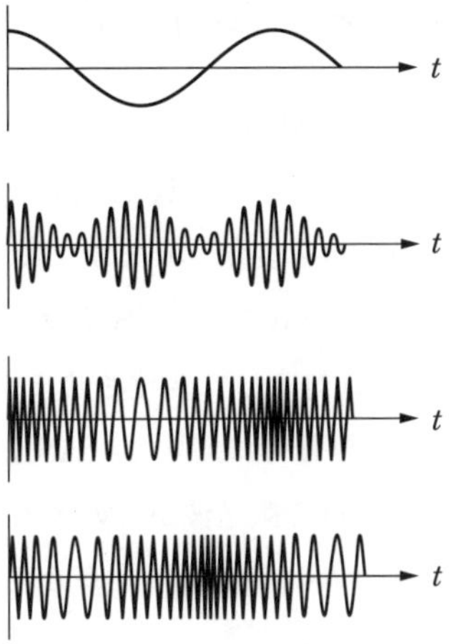

図 **7.2**　アナログ変調の波形

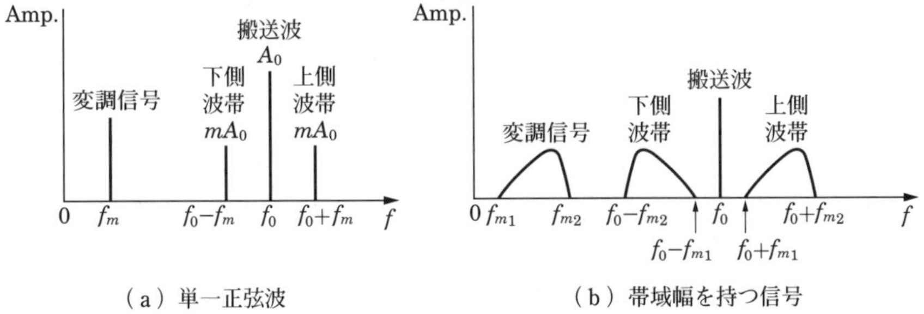

図 **7.3**　振幅変調のスペクトル

参考 ◇　**振幅変調と角度変調の得失**

前ページの説明だけでは，周波数変調では帯域幅が広がるだけで利点がないように思われるかもしれません．詳しいことは省略しますが，周波数変調では，周波数偏移を広げるほど，出力 S/N（信号対雑音比）を改善できるというメリットがあります．これを**広帯域改善利得**と呼んでいます．つまり，周波数帯域幅を広く取るという代償に高い出力 S/N を得ているわけです．この性質から，アナログ音楽放送などには FM が広く用いられてきました．

7.3　ディジタル変復調

アナログ変調における AM, FM, PM に対応して，ディジタル変調においては ASK, FSK, PSK があります．**ASK** (Amplitude Shift Keying) は，信号の 1, 0 に対応して搬送波の振幅を変化させます．最も普通なのは 1 のときに搬送波を on, 0 のときに off にする方式です．**FSK** は，搬送波周波数を，**PSK** は，搬送波の位相を信号の 1, 0 に対応して変化させます．

図 7.4 は，１００１の原信号に対する，ASK, FSK, PSK の変調波形を示したものです．原信号の変化点で搬送波がどのように変わるかに注目してください．

ディジタル通信システムの優劣は誤り率で表します．誤り率は搬送波対雑音比 C/N（第 11 章参照）により大きく変わります．図 7.5 は，各種方式の C/N に対する誤り率を示したものです．図中 "非同期" とあるのは，包絡線検波器や周波数弁別器のように搬送波の助けを借りない復調方式をいいます．"同期" とあるのは，復調に際して搬送波を再現し入力に掛け合わせる方式で，**同期検波方式**と呼ばれます．

誤り率は，変調方式でいえば PSK が最も良くなります．また，復調方式でいえば，搬送波の位相情報も利用している同期検波方式の方が，回路は複雑になりますが優れています．

◇　PSK には非同期検波は適用できません．

以上は 1 ビットずつの伝送ですが，振幅や位相をもっと細かく区切ったり，組み合わせたりすれば一度に複数ビットの情報を伝送できます．これを**多値変調**といいます．効率は良くなりますが，1 ビット当たりに割り当てられた振幅や位相は少なくなるので雑音の影響を受けやすくなり，高い C/N が必要になります．

ASK や PSK は変調波を複素平面上に表すことができます． この表現は振幅や位相関係を表すのに便利です．図 7.6 (a), (b) はそれぞれ，1 ビットの ASK, PSK を表します．(c), (d) は 8 相 ASK, PSK を，(e), (f) は ASK と PSK を組み合わせた 16 APK, 16 QAM (Quadrature AM) を示します．同じビット数なら，組み合わせることによりノイズマージンは大きくなります．

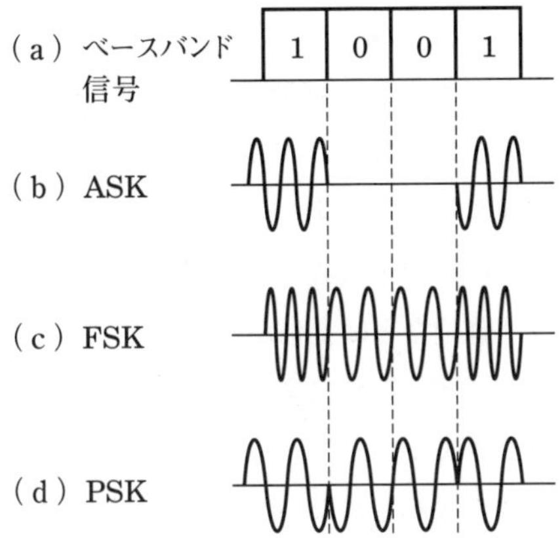

図 7.4　ASK, FSK, PSK の波形

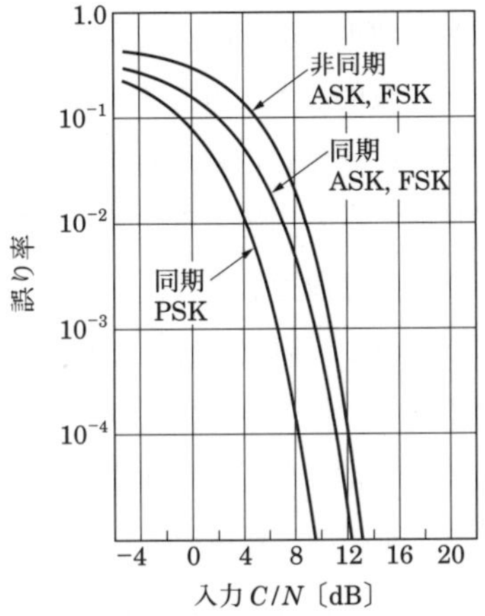

図 7.5　誤り率の比較

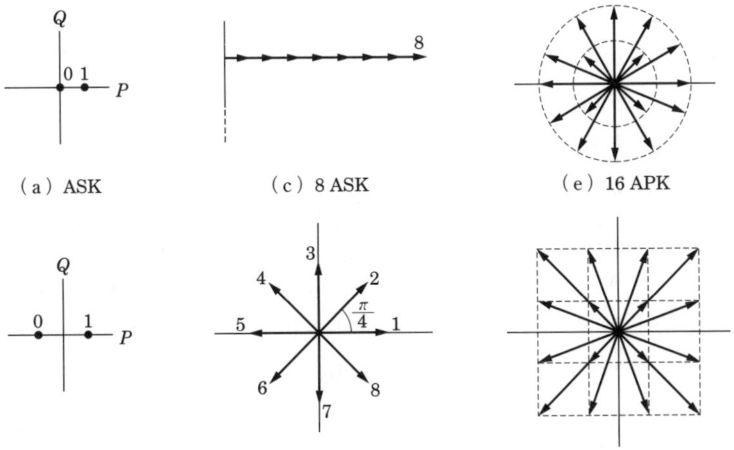

図 7.6　変調信号の複素面表現

◇　FSK は周波数が違うので直接には表せません．

7.4　コード変復調（スペクトル拡散）

周波数の利用効率を高くするには，信号の占有帯域幅をできるだけ狭くするというのが一般的な考え方です．これに対して**スペクトル拡散**通信方式は，**SS** 方式とも呼ばれ,「伝送情報以外の何らかの信号または操作により，送信信号を広帯域化（拡散）して伝送するシステム」と定義されています．

スペクトル拡散通信では，システムに与えられた帯域幅をいっぱいに使用します．こうすると，複数の通信があった場合，普通ならば混信が生じますが，これを避けるために個々の通信はコードで区別します．これにより，帯域幅の有効に活用し，かつ雑音や干渉に強くすることができます．

スペクトル拡散は秘話や，レーダの周波数を探知されないための対策等軍用技術として開発され，いろいろな応用が模索されてきました．その後，衛星通信の地上波との混信防止，多元接続等に用いられましたが，これを有名にしたのは移動体通信における CDMA でしょう．スペクトル拡散にはいろいろな方式がありますが，ここでは最も広く用いられる**直接拡散方式** DS について述べます．

図 7.7 は直接拡散において，送りたい符号 “1”, “0” を**拡散信号**で変調した波形を示します．拡散信号は，**PN** 系列と呼ばれる疑似ランダムな信号で，一見雑音のように見えますが，規則的な系列です．1 ビットあたり n ビットの拡散信号を用いると，帯域幅は n 倍に広がります．このパルス列で搬送波を変調して送信します．使用者ごとに拡散符号を変えれば多くの人が同時に通信できます．

受信側では，パルス列に送信側と同じ拡散信号を掛け合わせます．この “同じ拡散信号を掛ける” ことにより，原信号を取り出すことができます．図 7.8 に送受信機のブロック図を示します．信号波は狭帯域ですが，拡散されて広帯域になります．同じ拡散信号を受信側で再び掛けると信号波が再生されます．受信側に狭帯域の干渉波が入っても拡散されて大部分はフィルタで除去できます．また受信側に別の DS 信号が入っても拡散信号が違うため検出されません．

変復調方式には，以上述べたほかにもいろいろな種類があり，これらをまとめて表 7.1 に示します．詳しくは通信システムの専門書を参考にしてください．

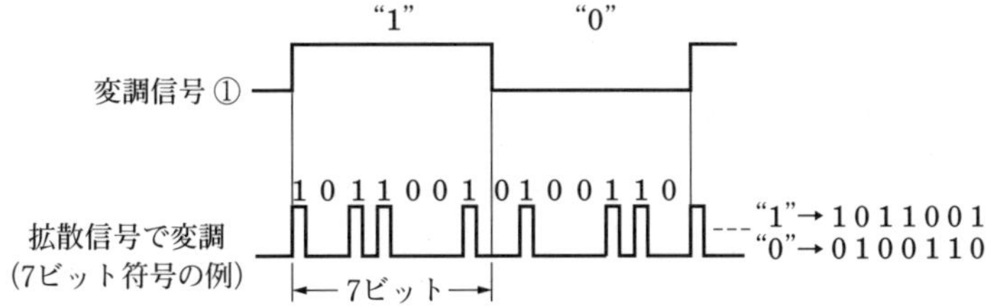

図 **7.7**　拡散信号による変調

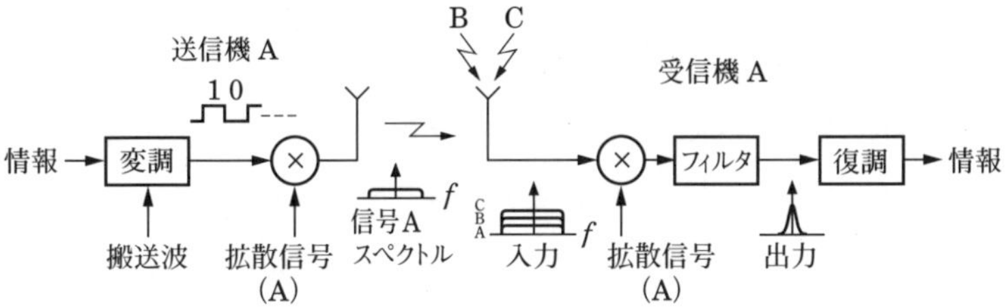

図 **7.8**　直接拡散方式送受信機ブロック図

表 **7.1**　変調の種類

方式	アナログ		ディジタル	
	略称	用途	略称	用途
振幅 (AM)	DSB SSB VSB	中波放送 国際，多重通信 TV	ASK	データ通信
角度	FM PM	放送，通信 通信	FSK PSK, DPSK MSK, GMSK	データ通信 マイクロ波，一般 移動通信
パルス	PAM,PPM PWM	多重	PCM, ΔM SS	一般 移動，秘話
複合			APK, QAM	マイクロ波

章末問題 7

1 振幅変調において，$A_c = 1$, $m = 0.5$, $x(t) = \cos(2\pi \times 10^3 t)$, $f_c = 10^6$〔Hz〕としたとき，各周波数成分とその大きさを求めなさい．

2 最高周波数が 20〔kHz〕の信号で搬送波を振幅変調すると帯域幅はいくらになりますか？　同じ信号で，周波数偏移が 60〔kHz〕の FM をかけると帯域幅はいくらになりますか？

3 周波数変調も角度変調の仲間に入っているのはなぜですか？

4 1010 で表される PCM 信号により搬送波を ASK, FSK, PSK した場合の波形を描きなさい．

5 同期 PSK，同期 FSK，非同期 FSK を用いて 10^{-4} の誤り率を得るには，入力 C/N はそれぞれいくら必要かを図 7.5 から求めなさい．

6 図 7.7 において，伝送したい信号が 10〔kbit/s〕であったとしたら，変調波の帯域幅はどのくらいになりますか？

†ヒント†

1 式 (7.6) に 3 角関数の展開公式を適用すると．式 (7.7) になります．

2 本文中の式に代入すればわかります．FM ではずいぶん帯域が広がりますね．

3 瞬時位相角と周波数の関係は？

4 どこで何が変わるのかをはっきり示すこと．図 7.4 参照．

5 このような図を読む練習をしましょう．

6 何倍に拡散していますか？

8 デシベル

この辺で，通信においてよく用いられるデシベルについて解説します．デシベルは使いなれると非常に便利な表現法ですが，なれないと誤った使い方をするおそれがあります．特に〔倍〕値と〔dB〕値を混用して計算する誤りが目立ちます．本章でデシベル値の取り扱い方をマスターして使いこなせるようにしてください．

以下，次の事項について説明します．

(1) 対数

(2) 電力の相対値表現

(3) 電圧・電流の相対値表現

(4) 絶対値表現

(1) ではまず，常用対数とその性質に関する復習をします．(2) では，ある電力が，比較したい電力より何〔dB〕高いかあるいは低いかをどのように表すかを定義づけます.〔倍〕を〔dB〕に変換した場合，変化範囲がどのように変わるかも示します．(3) では，電圧・電流においては定義式が変わってくることや，なぜそうなるかを示します．この定義は電界強度などにも拡張して使われます．また，ネーパ〔neper〕という指標が使われることもありますので〔neper〕と〔dB〕の関係についても言及します．(4) では，電力や電圧・電流などの絶対値を表すのにもデシベルが使われることを示します．この場合は比較したい電力なり電圧なりをある値に固定します．dB の次に記号をつけることによって固定した値を示します．

8.1 対数

まず，対数について復習します．a を 1 に等しくない正数，x を実数の変数とするとき，$y = a^x$ を**指数関数**といいます．$a > 1$ の場合，y は x とともに増大し，点 (0,1) を通り，$x \to +\infty$ のとき $y \to +\infty$，$x \to -\infty$ のとき $y \to 0$ となります．

$y = f(x)$ を x について解いた式 $x = F(y)$ において，x と y を交換して $y = F(x)$ を得たとき，$y = f(x)$ と $y = F(x)$ を互いに他の**逆関数**といいます．

指数関数の逆関数を**対数関数**といいます．すなわち，$y = a^x$ を x について解いて得る $x = \log_a y$ において，x と y を交換した $y = \log_a x$ が対数関数です．このとき，y を a を**底**とする x の対数といい，x を**真数**といいます．

$a = 10$ の場合，指数関数は $y = 10^x$ で，グラフに描くと 図 8.1 の 上側のようになります．10 を底とする対数を**常用対数**といい，単に $y = \log x$ と書き，対数の中では最もよく用いられる形で，本章のデシベルも常用対数を用います．$y = \log x$ のグラフは，指数関数の x と y を入れ替えたものですから，$y = x$ の直線に対して対称になり図 8.1 の下側のような曲線になります．

対数は次に示すような性質を持っており，これを用いると dB 計算を簡単に行うことができますからよく把握してください．

(1) $\log 10 = 1, \quad \log 1 = 0$

(2) $\log(xy) = \log x + \log y$

(3) $\log(x/y) = \log x - \log y$

(4) $\log x^m = m \log x \quad m$ は任意の実数

(5) $x > y$ ならば $\log x > \log y$

(6) $\log_a x = \log x \log_a 10 = (\log x)/(\log a)$

$e = 2.71828\cdots$ を底とする対数を**自然対数**といい，$\log_e x$ または $\ln x$ と書きます．自然対数は数学や物理学で用いられますが，工学でもよく現れます．2 を底とする対数は第 10 章で述べるように情報の世界で用いられます．

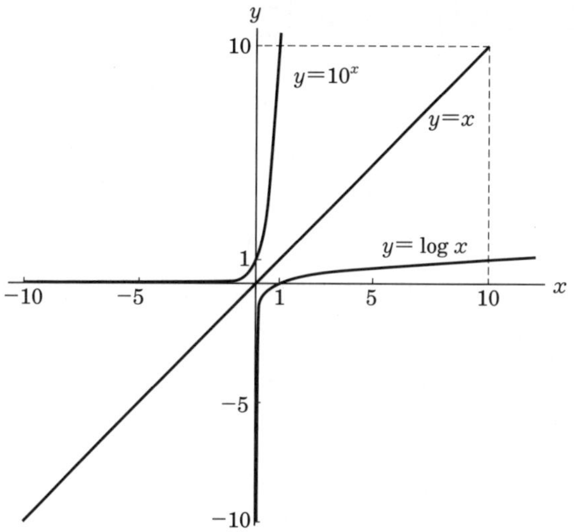

図 **8.1**　$y = 10^x$ と $y = \log x$ のグラフ

§ 例題 8.1§　前ページの対数の性質を利用して次の問いに答えなさい．

(1) $\log 100$ はいくらですか？

(2) $\log 0.01$ は？

(3) $\log 10^8$ は？

(4) $\log 8.63$ と $\log 9.12$ はどちらが大きい？

(5) $\log_e x$ を $\log x$ で表すと？　ただし $\log e = 0.434$

(6) $\log_2 x$ を $\log x$ で表すと？　ただし $\log 2 = 0.301$

† 解答 †

(1) $\log 100 = \log(10 \times 10) = \log 10 + \log 10 = 2$

(2) $\log 0.01 = \log 1/100 = \log 1 - \log 100 = -2$

(3) $\log 10^8 = 8 \times \log 10 = 8$

(4) $9.12 > 8.63$ だから $\log 9.12 > \log 8.63$

(5) $\log_e x = (\log x)/(\log e) = (\log x)/0.434 = 2.30 \log x$

(6) $\log_2 x = (\log x)/(\log 2) = (\log x)/0.301 = 3.32 \log x$

8.2 電力の相対値表現

増幅器を用いて出力電力を入力電力の 10^{10} 倍にするとか，減衰器をいれてレベルを 10^{-7} に下げるとかいろいろなことが行われます．これらの相対値を普通に〔倍〕で表そうとすると，0 が多くついてしまってわかりにくくなります．

取り扱う電力レベルは 10^{-20}〔W〕というような微小電力から，10^{6}〔W〕というような大電力まで，極めて広い範囲にわたっています．これらの絶対値を〔W〕や〔mW〕などで表すと，これも 0 が多くついてしまって煩雑です．

そこで，対数を用いて変化範囲を圧縮するデシベルが用いられるようになりました．これは電話の発明者グラハム・ベルの名からとった単位ベルの 1/10 で，略称は〔dB〕と表します．一方，人間の聴覚は刺激の強さの対数に比例するところから，デシベルは音の強さや音圧を表す単位にも応用されています．

前置きが長くなりましたが，**デシベル**は常用対数を用いて次のように定義されます．基準値 P_0〔W〕に対する電力 P〔W〕の倍数値を P/P_0〔倍〕，デシベル値を P/P_0〔dB〕と表すとき，式 (8.1) をデシベル値といいます．

$$\frac{P}{P_0}\text{〔dB〕} = 10\log\frac{P}{P_0}\text{〔倍〕} \tag{8.1}$$

P/P_0〔倍〕を横軸に，P/P_0〔dB〕を縦軸にとって関係を表すと図 8.2 のようになります．この図から次のようなことがわかります．

(1) $P = P_0$ のときは 0〔dB〕

(2) $P > P_0$ のときは P/P_0〔dB〕> 0.

例えば $P/P_0 = 10$〔倍〕のとき P/P_0〔dB〕$=$ 10〔dB〕.

$P/P_0 = 100$〔倍〕では P/P_0〔dB〕$=$ 20〔dB〕.

$P/P_0 = 1,000$〔倍〕になると P/P_0〔dB〕$=$ 30〔dB〕.

(3) $P < P_0$ のときは P/P_0〔dB〕< 0.

例えば $P/P_0 = 0.01$〔倍〕のとき P/P_0〔dB〕$= -20$〔dB〕.

(4) P/P_0〔倍〕の変化範囲 $10^{-5} \sim 10^{5}$ が ± 50〔dB〕に圧縮されている．

また，対数の性質を利用すると，dB 計算を簡単に行うことができます．

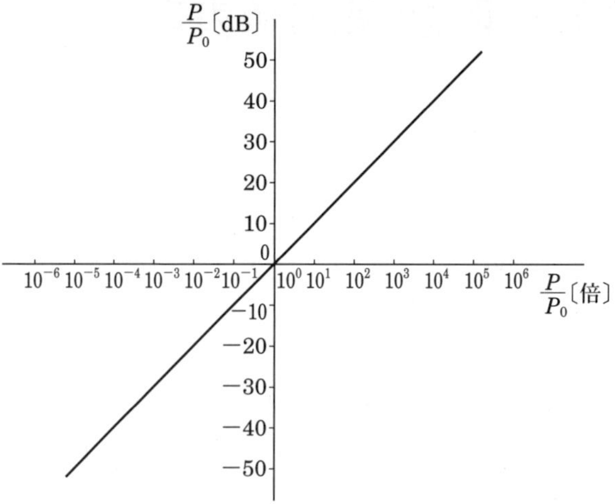

図 **8.2**　P/P_0〔倍〕と P/P_0〔dB〕の関係

§例題 8.2§　増幅器の出力電力 P_{out} が入力電力 P_{in} の 400〔倍〕でした．増幅器の電力利得は何〔dB〕ですか？

†解答†

$$\frac{P_{out}}{P_{in}}\text{〔dB〕} = 10\log 400 = 10(\log 4 + \log 100) = 26 \text{〔dB〕}$$

§例題 8.3§　出力電力が入力電力の 0.30〔倍〕でした．何〔dB〕ですか？

†解答†

$$\frac{P_{out}}{P_{in}}\text{〔dB〕} = 10\log 0.3 = 10\log(3\times 10^{-1})$$
$$\cong 4.8 - 10 = -5.2 \text{〔dB〕}$$

§例題 8.4§　電力 3.0〔mW〕を，増幅度が 20〔dB〕の増幅器に入力しました．出力電力は何〔W〕ですか？

†解答†

増幅度 20〔dB〕は 電力比にして 100〔倍〕になることを意味します．

したがって，出力電力は $3.0\times 100 = 300$〔mW〕$= 0.3$〔W〕になります．

◇　$3.0\times 20 = 60$〔mW〕$= 0.06$〔W〕としてはいけません．

8.3　電圧・電流の相対値表現

電圧・電流をデシベル表現するときは，電力の場合と式の形が変わります．基準電圧 V_0〔V〕（基準電流 I_0〔A〕）に対する電圧 V〔V〕（電流 I〔A〕）のデシベル値を V/V_0〔dB〕（I/I_0〔dB〕）と表すとき，この値は次のようになります．

$$\frac{V}{V_0}\text{〔dB〕} = 20\log\frac{V}{V_0}\text{〔倍〕} \tag{8.2}$$

$$\frac{I}{I_0}\text{〔dB〕} = 20\log\frac{I}{I_0}\text{〔倍〕} \tag{8.3}$$

例えば $V/V_0 = 10$〔倍〕のとき V/V_0〔dB〕$=$ 20〔dB〕，$V/V_0 = 100$〔倍〕のとき V/V_0〔dB〕$=$ 40〔dB〕，$V/V_0 = 0.1$〔倍〕のとき V/V_0〔dB〕$= -20$〔dB〕などとなります．

これは電力の場合の〔dB〕値と矛盾しないようにするためで，次のように考えると良いでしょう．V と V_0 が同じ抵抗 R（比較を行うには同じ抵抗 R で考える必要があります）の両端に加わったとき消費される電力を P，P_0 とすると，

$$10\log\frac{P}{P_0} = 10\log\frac{V^2/R}{V_0^2/R} = 10\log\left(\frac{V}{V_0}\right)^2 = 20\log\frac{V}{V_0} \tag{8.4}$$

電流の場合は抵抗 R に電流 I，I_0 が流れたとすると，$P = I^2R$，$P_0 = I_0^2R$ ですから，電圧のときと同じように考えて式 (8.3) を得ます．

また，電界の大きさ E〔V/m〕や磁界の大きさ H〔A/m〕にも拡張して，同じ形の式を用います．

損失のある線路を電圧電流が伝搬するときや，損失のある空間を電磁界が伝搬する場合，これらの値は $e^{-\alpha x}$（α は減衰定数，x は伝搬距離）にしたがって減衰します．この場合の減衰量を $-\alpha x$ **ネーパ**ということがあります．ネーパは〔neper〕または〔Np〕と記します．$-\alpha x$〔neper〕を〔dB〕で表すと，

$$\begin{aligned}\frac{V}{V_0}\text{〔dB〕} &= 20\log_{10} e^{-\alpha x} = (-\alpha x)20\log e \\ &\cong (-\alpha x20)\times 0.4343 = 8.686(-\alpha x)\text{〔dB〕}\end{aligned} \tag{8.5}$$

したがって，1〔Np〕$=$ 8.686〔dB〕になります．

参考 ◇　デシベル概略値の求め方

電卓が手元になくても，$\log 2 \cong 0.3010$，$\log 3 \cong 0.4771$ の 2 つを覚えておけば，かなりの数の〔dB〕値を求めることができます．たとえば，$4 = 2^2$，$5 = 10/2$，$6 = 2 \times 3$，$8 = 2^3$，$9 = 3^2 \cdots$ のように表せば計算できます．表せない数値のときは，前後の表せる数値の〔dB〕値から内挿して概略値を求めます．

§ 例題 8.5§　1 段あたりの電圧利得が 30〔倍〕の電圧増幅器を 3 段つなぎました．全体の利得は何〔dB〕になりますか？

† 解答 †

1 段あたりの電圧利得〔dB〕は，$20 \log 30 \ \cong\ 29.54$〔dB〕

これが 3 段あるのですから，全体利得は $29.54 \times 3 \ \cong\ 88.6$〔dB〕

もちろん，次のようにしても求められますが，ややスマートさに欠けますね．

全体利得〔倍〕は $30^3 = 27{,}000$〔倍〕．

したがって，全体利得〔dB〕は $20 \log 27{,}000 \ \cong\ 88.6$〔dB〕

§ 例題 8.6§　35.0〔dB〕の利得があるとき，電力は何倍になりますか？　また，電圧は何倍になりますか？

† 解答 †

式 (8.1) を書き換えて題意の数値を代入すると，

$$\frac{P}{P_0} \ = \ 10^{(\mathrm{dB}/10)} \text{〔倍〕} = 10^{35/10} \ \cong\ 3160 \text{〔倍〕}$$

電圧は，式 (8.2) から求められます．

$$\frac{V}{V_0} \ = \ 10^{(\mathrm{dB}/20)} \text{〔倍〕} = 10^{35/20} \ \cong\ 56.2 \text{〔倍〕}$$

参考 ◇　“そのデシベルは電力？電圧？” という質問は正しいか？

デシベルは電力でも電圧でも辻褄が合うように式が違っています．したがって，“そのデシベルは電力か？電圧か？” という質問は意味をなしません．上記の例題で見るように，35〔dB〕のとき，電力なら 3160〔倍〕，電圧なら 56.2〔倍〕になっているわけです．同じ倍数のときは，電力か電圧かでデシベル値は異なりますから，“その倍数は電力か？電圧か？” というのは意味があります．

8.4 絶対値表現

基準値が決まっている場合は〔dB〕値は絶対値を表します．例えば,〔dBm〕と記したときは 1〔mW〕を基準値とする電力であることを示します．0〔dBm〕は 1〔mW〕, 30〔dBm〕は 1〔W〕, −30〔dBm〕は 1〔μW〕を意味します．

このほか，次のようなものが用いられます．

〔dBW〕	1〔W〕を基準とした電力．例えば 1〔mW〕= −30〔dBW〕
〔dBμ〕	1〔μV〕基準の電圧．例えば 1〔mV〕= 60〔dBμ〕
〔dBm/m^2〕	1〔mW/m^2〕基準の電力．1〔nW/m^2〕= −60〔dBm/m^2〕
〔dBμ/m〕	1〔μV/m〕基準の電界．100〔μV/m〕= 40〔dBμ/m〕

音のレベルは，振動数 1000〔Hz〕で 1〔m^2〕当たり 10^{-16}〔W〕の強さの音を基準にしてデシベル表示します．また，これを**ホン**ということもあります．

入力が〔dBm〕ないしは〔dBμ〕で表され，その後に〔dB〕で表される増幅器や減衰器がつながる場合，出力はこれらの和で求めることができます．例えば，入力電力 −20〔dBm〕が利得 30〔dB〕の増幅器に加わったとすると，出力は $-20+30=10$〔dBm〕(=10〔mW〕) となります．出力の単位は入力の単位がそのまま受け継がれる点に注意してください．

ただし，入力が〔mW〕や〔μW〕等で表され，その後に〔dB〕で表される増幅器や減衰器がつながる場合，出力はこれらの和で求めることはできません．例えば，入力電力 10〔μW〕(−20〔dBm〕) が利得 30〔dB〕の増幅器に加わったとき，出力は $20+30=50$〔μW〕とはなりません．

このような場合は，入力を −20〔dBm〕に換算し，利得 30〔dB〕と加算して出力 10〔dBm〕を得るか，増幅器利得 30〔dB〕を換算して 1,000〔倍〕を求め，$10 \times 1,000 = 10^4$〔μW〕= 10〔mW〕を求めるかしなければなりません．

また，入力が −20〔dBm〕，増幅器利得が 1,000〔倍〕で与えられているとき，出力は $-20+1,000$ や $-20 \times 1,000$ ではないことは明らかです．あたりまえと思われるかもしれませんが，誤りやすいところですから注意してください．

§例題 8.7§　次の値をその欄の右に示した単位に換算しなさい．

(1)	2.3〔W〕	〔dBm〕
(2)	−55〔dBm〕	〔W〕
(3)	15〔mV/m〕	〔dBμ/m〕
(4)	45〔dBμ/m〕	〔μV/m〕
(5)	1〔pW/m^2〕	〔dBm/m^2〕
(6)	100〔デシベル〕(騒音)	〔W/m^2〕

†解答†

(1) $10\log(2.3\times10^3)\ \cong\ 3.6+30\ =\ 33.6$〔dBm〕

(2) $10^{-55/10}\ =\ 3.16\times10^{-6}$〔mW〕$=\ 3.16\times10^{-9}$〔W〕

(3) $20\log(15\times10^3)\ \cong\ 23.5+60\ =\ 83.5$〔dB$\mu$/m〕

(4) $10^{45/20}\ \cong\ 178$〔μV/m〕

(5) $10\log(1\times10^{-9})\ =\ -90$〔dBm/m^2〕

(6) $10^{-16}\times10^{100/10}\ =\ 10^{-6}$〔W/m^2〕

◇　単位が違う場合の換算に注意しましょう．

§例題 8.8§　3×10^{-12}〔mW〕のアンテナ出力を，ケーブルを通して利得 150〔dB〕の受信機に接続しました．ケーブルの損失によりアンテナ出力は半分になってしまうとして，受信機出力を〔W〕および〔dBW〕で示しなさい．

†解答†

アンテナ出力を〔dBW〕に換算すると，$10\log(3\times10^{-12})\cong4.77-120=-115.23$〔dBm〕$=-145.23$〔dBW〕

半分になることを〔dB〕で表すと，$10\log(1/2)\cong-3.01$〔dB〕

受信機出力は $-145.23-3.01+150\cong1.8$〔dBW〕$=1.5$〔W〕

あるいは，次のようにも解くことができます．

アンテナ出力は 3×10^{-15}〔W〕

受信機利得は $10^{150/10}=10^{15}$〔倍〕

受信機出力は $3\times10^{-15}\times0.5\times10^{15}=1.5$〔W〕$\cong1.8$〔dBW〕

◇　計算の途中では桁数を多めにとるようにしましょう．

章末問題 8

1　次の問いに答えなさい．

(1) 電力利得 900〔倍〕は何〔dB〕ですか？

(2) 電力利得 0.4〔倍〕は何〔dB〕ですか？

(3) 電圧利得 1,500〔倍〕は何〔dB〕ですか？

(4) 電圧利得 0.05〔倍〕は何〔dB〕ですか？

(5) 増幅器利得が 80〔dB〕のとき，電力，電圧はそれぞれ何倍になりますか？

(6) 減衰器損失が 20〔dB〕のとき，電力，電圧はそれぞれ何倍になりますか？

(7) 電力 15〔mW〕は何〔dBW〕ですか？

(8) 電界の大きさ 66〔μV/m〕は何〔dBμ/m〕ですか？

2　次の問いに答えなさい．

(1) 0.5〔mA〕が 50〔Ω〕に流れたとき消費される電力は何〔dBm〕？

(2) 入力電力 30〔mW〕を利得 20〔dB〕の増幅器に入力すると出力は？

(3) 入力電圧 26〔dBμ〕を電圧利得 20〔倍〕の増幅器に入力すると出力は？

3　マイクロ波送信機の出力を，9〔dB〕の減衰器を通して測定したところ，電力計の指示が 5〔mW〕でした．送信機出力はいくらですか？

† ヒント †

1　例題を参照して解答してみてください．ノーヒント．

2　(1)　$P = I^2R$

(2)〔mW〕と〔dB〕を掛け合わせないこと．

(3)〔dBμ〕と〔倍〕を掛け合わせないこと．

3　79 ページの例題を参照して2 通りの方法で解いてみてください．

◇　第一級陸上特殊無線技士国家試験に類似問題が出題されています．

9 集合と確率

集合とは物の集まりのことで，数学における基本概念の 1 つになっています．集合論はカントルによって体系化されました．

集合というとすぐ論理演算が思い浮かび，コンピュータを連想する方が多いことでしょうが，これは論理学と集合の関係を明らかにしたブール，ド・モルガンなどの功績が大きいと思われます．

しかしながら，集合は確率とも密接な関係を持っています．確率はいろいろな分野で用いられ，次章で述べる情報量の基本概念になっていますし，その次に出てくる不規則信号や雑音を取り扱う上でもなくてはならないツールです．

本章では集合と確率との関連に焦点を当て，次の項目について述べます．

(1) 集合

(2) 集合の演算

(3) 確率の導入

(4) 結合確率と条件付確率

(1) では，集合で用いられる言葉の定義およびその数学的表現方法を述べます．(2) では，集合に関する演算について簡単に説明します．これは，いわゆるブール代数として論理回路設計の基礎として役割を果たしています．(3) では，集合から導かれる確率の概念を関連する用語とともに解説します．(4) では，複数の事象間に関連ある場合の確率について明らかにしておきます．

9.1 集合

集合はいくつかの対象の集まりをいい，対象 1 つ 1 つは集合の要素と呼ばれます．対象はアナログ量，ディジタル量を問いません．一般に集合は大文字で，要素は小文字で表します．

◇ 集合の集合は**族**と呼ばれます．

例えば a が集合 A の一要素である場合は式 (9.1) のように書きます．

$$a \in A \tag{9.1}$$

要素を表すときは { } を用います．例えば，3 と 8 の間の整数の集合は $\{4, 5, 6, 7\}$ とか $\{3 <$ 整数 $< 8\}$ 等のように書きます．前者を**表示法**，後者を**規定法**といいます．

要素が自然数で表されるとき集合は**可算**であるといい，可算でなければ不可算といいます．集合が要素を持たなければ**空（くう）集合**またはヌル集合と呼び，$\emptyset$ と表します．取り扱っている集合において最大の集合，すなわちすべての要素を含んだ集合を**全体集合**といい，S で表します．

可算できる要素を有限個持つ集合（空集合を含む）を有限集合，有限でなければ無限集合といいます．可算要素を持つ無限集合は可算無限集合と呼ばれます．

集合 A のすべての要素がもう 1 つの集合 B の要素でもあるとき，A を B の**部分集合**と呼び，式 (9.2) のように表します．

$$A \subseteq B \tag{9.2}$$

◇ 「A は B に含まれる」といいます．

もし A には存在しないのに B には存在する要素が少なくとも 1 個あれば，A を B の**真部分集合**と呼び，式 (9.3) のように表します．

$$A \subset B \tag{9.3}$$

2 つの集合 A と B が共通の要素を持たなければ A と B は**相互排反**または「互いに素」であるといいます．

参考 ◇　ベン図式

集合を表すには幾何学的表示を用いると理解しやすくなります．その 1 つが英国人ジョン・ベンにちなんで名づけられた**ベン図式**と呼ばれるもので，集合を閉じた平面図形で表す方法です．図 9.1 はベン図式を用いて部分集合と相互排反を示したものです．

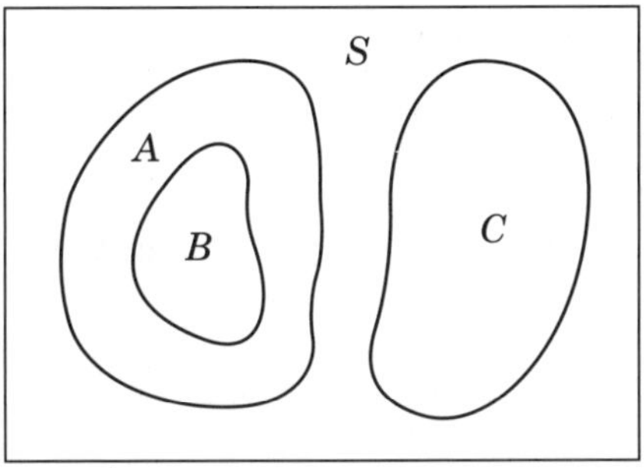

図 9.1　ベン図式による集合の表現

§ 例題 9.1§　次の集合を前頁の説明にしたがって分類し，また相互関連を述べなさい．

$A = \{1, 3, 5, 7\}$　　$B = \{2, 4, 6, 8, 10\}$　　$C = \{0\}$　　$D = \{1, 2, 3, \cdots\}$

$E = \{1.5 < c \leq 5.5\}$　　$F = \{-3.0 < c \leq 8.0\}$

† 解答 †

個々に見ると次のようになります．

A, B, C は表示法で指定され，可算でかつ有限です．

◇　C は 0 という 1 個の要素を持ち，空集合ではありません．

D も表示法で指定され，加算ですが，無限です．

E と F は指定法で記述され，不可算で無限です．

相互関係を見ると次のようになっています．

A は D と F の部分集合．$A \subset D$,　$A \subset F$.

同様に $B \subset D$,　$C \subset F$,　$E \subset F$.

A, B, C は互いに相互排反．C は D と E とも相互排反．

9.2　集合の演算

集合 A の全要素が集合 B に，また B の全要素が A に存在するとき A と B は等しいといい，$A=B$ と書きます．A の要素のうち B に存在していない要素でできた集合を A と B の差といい，$A-B$ と書きます．

A と B のいずれか一方または両方に属する要素が作る集合を A と B の和（または合併，結び）と呼び，$A\cup B$ と書きます．A と B の両方に属する要素が作る集合を A と B の積（または共通，交わり）と呼び，$A\cap B$ と書きます．図 9.2 に和と積のベン図式を示します．

A にはないすべての要素を持つ集合を A の**補集合**といい，$\overline{A}$ と表します．$\overline{A}=S-A$ の関係があります．

集合に対しては次のような一連の定理が成立します．

交換法則

$$A\cup B = B\cup A, \qquad A\cap B = B\cap A \tag{9.4}$$

分配法則

$$A\cup(B\cap C) = (A\cup B)\cap(A\cup C) \tag{9.5}$$

$$A\cap(B\cup C) = (A\cap B)\cup(A\cap C) \tag{9.6}$$

結合法則

$$(A\cup B)\cup C = A\cup(B\cup C) = A\cup B\cup C \tag{9.7}$$

$$(A\cap B)\cap C = A\cap(B\cap C) = A\cap B\cap C \tag{9.8}$$

ド・モルガンの法則

$$\overline{A\cup B} = \overline{A}\cap\overline{B}, \qquad \overline{A\cap B} = \overline{A}\cup\overline{B} \tag{9.9}$$

双対原理

ある式中の和を積に，積を和に，S を $\emptyset$ に，$\emptyset$ を S に置き換えてもその式は成立します．例えば式 (9.5) ,式 (9.7) の $\cup$ を $\cap$ に変えると式 (9.6) ,式 (9.8) になります．

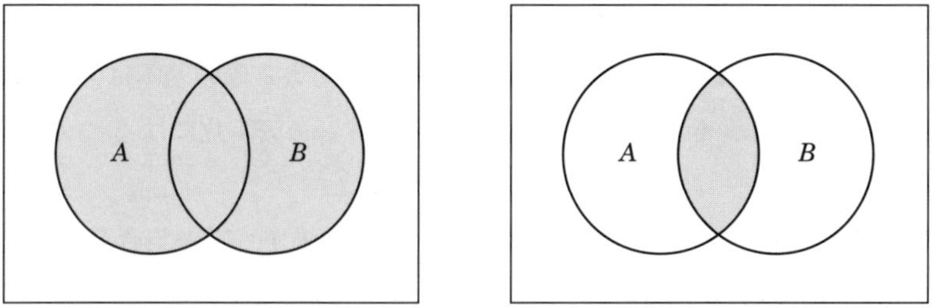

(a)　集合の和　　　　(b)　集合の積

図 9.2　集合の和（$A\cup$ B）と積（$A\cap$ B）

§ 例題 9.2§　次の 4 つの集合について質問に答えなさい．

$S = \{1 \leq 整数 \leq 12\}$　　$A = \{1, 3, 5, 10, 12\}$

$B = \{1, 3, 4, 6, 7, 8\}$　　$C = \{2, 6, 7, 9, 11\}$

(1) 次の演算をしなさい．

$A \cup B$,　$A \cup B \cup C$,　$A \cap B$,　$A \cap B \cap C$,　$\overline{A}$,　$\overline{A \cup B}$

(2) 4 つの集合をベン図式で表しなさい．

† 解答 †

(1) 演算

$A \cup B = \{1, 3, 4, 5, 6, 7, 8, 10, 12\}$

$A \cup B \cup C = S$

$A \cap B = \{1, 3\}$

$A \cap B \cap C = \emptyset$

$\overline{A} = \{2, 4, 6, 7, 8, 9, 11\}$

$\overline{A \cup B} = \{2, 9, 11\}$

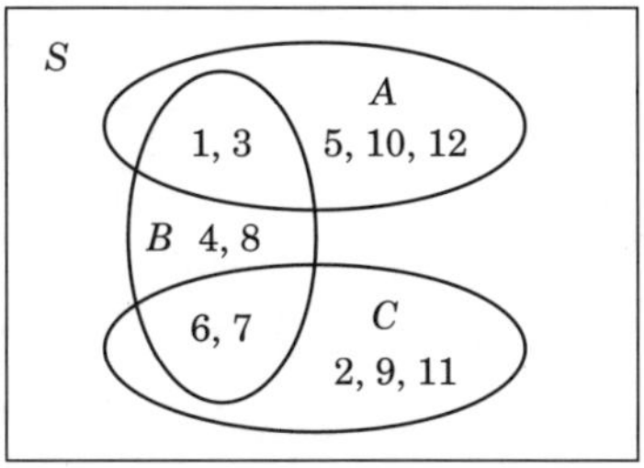

図 9.3　例題のベン図式

(2) ベン図式

図 9.3 に示すとおり．

9.3　確率の導入

ある現象の起きる確からしさを表す数値を**確率**といいます．ここでは，確率が集合を通じて導入される過程を説明します．確率を考える際の基本は，その問題に適した実験を考え，それをモデル化することです．モデル化には 3 つの概念が必要になります．

第 1 は**標本空間**で，ある実験において現れ得る結果すべての集合をいいます．標本空間は前節で述べた全体集合 S にほかなりません．

第 2 は**事象**で，特定の条件下で現れる結果の集合をいいます．事象は標本空間のうちの 1 つの部分集合ということになります．要素を 1 つしか持たない事象を**素事象**ということがあります．

◇　例えば "52 枚のカード（トランプ）から 1 枚のクラブを引く" という実験を考えます．52 枚の全体集合は，2^{52} 個の部分集合を持つことができますが，問題の性質から，クラブを部分集合の 1 つと考えるのが合理的です．この場合，クラブという部分集合は 13 個の要素を持つことになります．

第 3 の概念が確率です．確率は個々の事象に対応し，その事象が発生するもっともらしさ（尤度）を表す関数で，記号 $P(A)$ を事象 A の確率として用います．確率は次の 3 つの公理を満足するように選ばれます．

$$P(A) \geq 0 \tag{9.10}$$

$$P(S) = 1 \tag{9.11}$$

$$P\left(\cup_{n=1}^{N} A_n\right) = \sum_{n=1}^{N} P(A_n) \qquad \text{ただし} \quad A_m \cap A_n = 0 \tag{9.12}$$

最初の公理は，確率は正の数で表すことを示しています．第 2 の公理は，すべての事象を包含する**全事象** S を包含する確率は最高の値を持たねばならず，その値を 1 とすることを規定したものです．

◇　空集合 $\emptyset$ は要素のない空事象で，対応する確率は 0 になります．

3 番目の公理は，相互排反事象の和に等しい事象の確率は，個々事象確率の和に等しいことを述べています．

参考 ◇ **確率の概念**

確率を考える場合，数学的（先験的）な考え方と統計的（経験的）な考え方があります．起き得る全事象と特定の事象 A の関係が明らかな場合は試行をしなくても確率 $P(A)$ が予測でき，これを**数学的確率**といいます．これに対して実際に試行を n 回行い，特定の事象が起きた回数 r 回から求めた $r/n = P(A)$ を**統計的確率**といいます．試行が公平であれば，試行数 n を増していくと統計的確率は数学的確率と同じ値に近づきます．

§ 例題 9.3§ 2 つのサイコロを投げてその和が 4 以下になる確率を求めなさい．

† 解答 †

一方のサイコロの目を i，他方のサイコロの目を j とし，そのような結果がおきる素事象を $A_{i,j}$ とします．現れ得る全事象は 36 個の素事象から成り，サイコロが公平にできておれば各素事象は同じ発生尤度をもっており，$P(A_{i,j}) = 1/36$ になります．また各素事象は相互排反ですから，公理 3 を満足します．

和が 4 以下になる事象を A とすると，A の要素は (1,1)，(1,2)，(1,3)，(2,1)，(2,2)，(3,1) の 6 個になります．したがって A の確率 $P(A)$ は，

$$P(A) = 6 \times \frac{1}{36} = 1/6 \cong 0.167$$

§ 例題 9.4§ 周辺に 0 から 100 までが目盛られている（ただし 0 は 100 と同じ位置）円板を回転させ，止まったときの位置をポインターで読み取る実験を行なったとします．(1) この実験の標本空間，(2) 指示値が 25 から 50 の間に止まる確率，(3) 指示値が 60 を指す確率を示しなさい．

† 解答 †

(1) $S = \{0 < x \leq 100\}$　(2) $P(25 < x < 50) = 0.25$　(3) $P(x = 60) = 0$

◇ これは連続的標本空間の問題です．空間を区切ることにより離散的標本空間に対応させることができます．

◇ 区間 $x_n - x_{n-1}$ が 0 に近づくと $P(A_n) = P(x_n)$．これは指示値が点 x_n を正確に指す確率になります．このとき，区切る数 N は無限大になりますから，$P(A_n) = \lim_{N\to\infty}(1/N) = 0$ となります．

9.4 結合確率と条件付確率

2 つの事象 A と B が同時に起きる確率を A と B の**結合確率**と呼びます．式で書くと $P(A \cap B)$ であり，A と B の積事象の確率を表します．

事象 A ($P(A) > 0$) が起きたという条件下で事象 B が起きる確率を $P(B|A)$ と表し，A のもとでの B の**条件付確率**といいます．結合確率は A が起きる確率と A が起きたとき B が起きる確率の積ですから，次の関係があります．

$$P(A \cap B) = P(A)P(B|A) \quad \text{または}, \tag{9.13}$$

$$P(B|A) = \frac{P(A \cap B)}{P(A)} \tag{9.14}$$

事象 A と B があり，一方の事象の発生確率が他方の事象の発生によって影響を受けない場合，A と B は統計的に独立，あるいは単に**独立**であるといいます．独立な 2 事象にたいしては，$P(A|B) = P(A)$，$P(B|A) = P(B)$ ですから，独立な事象の結合確率は次のようになります．

$$P(A \cap B) = P(A)P(B|A) = P(A)P(B) \tag{9.15}$$

どのような事象 A の確率 $P(A)$ も複数の条件付確率を用いて表すことができます．N 個の相互排反事象を B_n，$n = 1, 2, \cdots, N$ とするとき，

$$P(A) = \sum_{n=1}^{N} P(A|B_n)P(B_n) \tag{9.16}$$

これは事象 A の**全確率**と呼ばれる表現です．

A と B_n の間には式 (9.14) により次の関係があります．

$$P(B_n|A) = \frac{P(B_n \cap A)}{P(A)}, \qquad P(A|B_n) = \frac{P(A \cap B_n)}{P(B_n)} \tag{9.17}$$

$P(B_n \cap A) = P(A \cap B_n)$ ですから，$P(B_n|A)$ は次のように表すことができます．

$$P(B_n|A) = \frac{P(A|B_n)P(B_n)}{P(A)} \tag{9.18}$$

この関係式は**ベイズの定理**と呼ばれます．式 (9.18) は $P(A|B_n)$ が既知のとき $P(B_n|A)$ を求める場合に便利な式です．

§例題 9.5§ 52 枚のカード（トランプ）から 1 枚を選ぶとします．選んだカードがエースであった場合を事象 A，絵札であった場合を事象 B，クラブであった場合を事象 C とします．各事象の結合確率を求め，事象間の関係を述べなさい．

†解答†

各事象の結合確率は次のようになります．

$$\begin{aligned} P(A\cap B) &= 0 \\ P(A\cap C) &= \frac{1}{52} = P(A)P(B) = \frac{1}{13}\cdot\frac{1}{4} \\ P(B\cap C) &= \frac{3}{52} = P(A)P(B) = \frac{3}{13}\cdot\frac{1}{4} \end{aligned}$$

事象 A と B は相互排反事象です．

◇ 独立ではないことに注意してください．

◇ $P(A|B)$, $P(B|A)$ はゼロですから $P(A\cap B)=0$ になります．

事象 A と C，B と C は独立で，$P(A\cap B)=P(A)P(B)$ になります．

§例題 9.6§ 52 枚のカード（トランプ）から順次選んだ 4 枚がすべてエースである確率 $P(A)$ を次の場合について求めなさい．

(1) 選んだカードは元に戻して次のカードを選ぶ．

(2) 選んだカードは元に戻さないで次のカードを選ぶ．

†解答†

第 1, 2, 3, 4 のカードを選ぶ事象を A_1，A_2，A_3，A_4 とします．

(1) 元に戻す場合，各事象は独立ですから，結合確率になります．

$$\begin{aligned} P(A) &= P(A_1\cap A_2\cap A_3\cap A_4) = P(A_1)P(A_2)P(A_3)P(A_4) \\ &= (4/52)^4 \cong 3.50\times 10^{-5} \end{aligned}$$

(2) 元に戻さない場合は条件付確率となります．

$$\begin{aligned} P(A) &= P(A_1\cap A_2\cap A_3\cap A_4) \\ &= P(A_1)P(A_2|A_1)P(A_3|A_1\cap A_2)P(A_4|A_1\cap A_2\cap A_3) \\ &= \frac{4}{52}\cdot\frac{3}{51}\cdot\frac{2}{50}\cdot\frac{1}{49} \cong 3.69\times 10^{-6} \end{aligned}$$

章末問題 9

1　3 つの集合 $A = \{1, 2, 3, 4\}$，　$B = \{4, 6, 8, 10\}$，　$C = \{1, 3, 5, 7 \cdots\}$ について次の問いに答えなさい．

(1)　規定法で示しなさい．

(2)　族および全体集合を表示法で示しなさい．

2　$A = \{-2, -1, 0, 1, 2, \}$，　$B = \{-5, -3, -1, 1, 3, 5\}$ について，次の演算をしなさい．

(1) $A - B$，(2) $B - A$，(3) $A \cup B$，(4) $A \cap B$，

3　ド・モルガンの法則をベン図式で示しなさい．

4　2 つのサイコロを投げてその和が 5 または 10 になる確率を求めなさい．

5　サイコロを投げて 1 が出る確率を次の場合について求めなさい．

(1) 2 回投げて 2 回，(2) 3 回投げて 2 回，(3) n 回投げて r 回

6　10 個の，見込みの等しい要素を持つ標本空間 $S = \{a_1, a_2, \cdots a_{10}\}$ に $A\{a_1, a_5, a_6, a_9\}$，$B\{a_1, a_4, a_6, a_9\}$，$C\{a_2, a_6, a_9, a_{10}\}$ が定義されました．ある要素を選択したとき，その要素が次の集合に属する確率を求めなさい．

(1) $A \cup B$，(2) $B \cup \overline{C}$，(3) $A \cap (B \cup C)$，(4) $\overline{A \cup B}$

†ヒント†

1　3 つの集合

(1)　$A1 \leq$ 整数 ≤ 4 等．いろいろな表現法があります．

(2)　族 $= \{A, B, C\}$，$S = \{1, 2, 3, 4, 5, 6, 7, 8, 10\}$．

2　$A - B$ と $B - A$ は等しくありません．

3　省略

4　和が 5 になる事象は (1,4) (2,3) (3,2) (4,1)．10 になる事象との和をとると？

5　n 回投げて r 回 1 が出る確率は ${}_nC_r(1/6)^r(5/6)^{n-r}$．

6　$A \cup B = \{a_1, a_4, a_5, a_6, a_9\}$ だから $P(A \cup B) = 5/10 = 0.5$ 等．

10 情報量

電気や電子の世界で“電圧”や“電流”が重要な役割を演じますが，情報通信の世界では“情報量”や，その“伝送速度”が新しい要素として加わってきます．これらを統一して論じるためには，情報量を定量的に定義しなければなりません．

情報の価値には確率的に表される部分と非確率的な部分とがあります．前者では，生起した事象が確率的に起きにくいものであれば価値が高いと評価します，後者では，その情報を受け取る個人によって価値の高低が変わります．

後者は，社会学的や心理学的にはおもしろい主題かもしれませんが，工学の世界では取り扱うことができません．そこで，まず，確率モデルを用いて取り扱える範囲について情報量を考えることにします．

本章で学ぶ内容は次のとおりです．

(1)　確率と情報量

(2)　平均情報量（エントロピー）

(3)　結合，条件付，相互情報量

(4)　各種エントロピー，平均相互情報量

(1) では，ある事象が起きる確率と，その事象が起きたという情報の価値について考えます．次いで，事象の発生確率を用いた（自己）情報量の表現を導入し，情報量の単位としてビット（〔bit〕）を導入する過程およびその意味について述べます．(2) では，いろいろな発生確率を持つ事象の集合体（事象系）があるとき，その系の平均情報量がどのように表されるかを考えます．この平均情報量をエントロピーと呼びます．(3) では，2 つの事象系 A, B があるとき，A 中のある事象 a_i と B 中のある事象 b_j のあいだに因果関係がある場合の各種情報量について述べます．(4) では，これらの情報量に対応して，2 つの事象系 A, B 全体としての相関がどれほどあるのかを表すエントロピーおよび平均相互情報量を考えます．

10.1 確率と情報量

取り扱おうとする集合 A 中のある要素 a_i が起きる事象（以下これを事象 a_i といいます）の生起確率を $P(a_i)$ とします．この事象 a_i が起きたという情報はある情報量 $I(a_i)$ を持っています．日常よく生じる事象が起きたという情報はあまり情報量を持っているとはいえませんが，珍しい事象が起きたという情報は高い情報量を持っていると考えられます．

そこで，情報量を数値で表すのに生起確率 $P(a_i)$ を用いることを考えます．一般的経験からいって，情報量は次のような性質を持つと考えるのが妥当といえます．

(1) 情報量は正の値で表し，最小値は 0 とする．

(2) 事象 a_i と a_j が独立して起きるとき，その両方が起きたという情報の持つ情報量は $I(a_i,\ a_j) = I(a_i) + I(a_j)$ とする．

(3) 生起確率が $P(a_i) = 1/2$ になる場合を規準とし，$I(a_i) = 1$〔bit〕とする．

これらの条件を満たす関数を考えると式 (10.1) のようになります．

$$I(a_i) = -\log_2 P(a_i) \quad \text{〔bit〕} \tag{10.1}$$

これを，要素 a_i に関する**情報量**（または**自己情報量**）と呼び，単位はビット〔bit〕(binary unit) を用います．式 (10.1) の関係を図示すると図 10.1 （95 ページ）のようになり，次のようなことがわかります．

(1) 情報量は生起確率とともに単調に減少し，確率 1 のとき，情報量は 0 になります．必ず起きる事象が起きたという情報は価値がありません．

(2) 右ページの例題 10.1 に見るように，クラブの A を引いたという情報量は 5.7〔bit〕で，クラブであるという情報量 2〔bit〕，A であるという情報量 3.7〔bit〕の和になっています．

(3) コインをトスしたとき，表（または裏）が出る確率は 1/2 で，情報量は 1〔bit〕です．パルスの有無で表したディジタル量を 1〔bit〕と呼ぶことはよくご承知のとおりです．これも，“1” か “0” の確率が 1/2 であるとすれば，情報量の定義にのっとっているといえます．

参考 ◇　2 を底とする対数

指数関数の逆関数を対数関数ということは第 8 章で述べたとおりです．$y = a^x$ を x について表した $x = \log_a y$ において，x と y を交換した $y = \log_a x$ が対数関数です．このとき，y を a を底とする x の対数といいます．

情報量では 2 を底とする対数を用います．これは情報量の性質 (3) に起因しています．$\log_2 x$ と常用対数または自然対数との間には次の関係があります．

$$\log_2 x = \frac{\log x}{\log 2} \cong 3.32 \log x \tag{10.2}$$

$$\log_2 x = \frac{\log_e x}{\log_e 2} \cong 1.44 \log_e x \tag{10.3}$$

§ 例題 10.1§　トランプのカードを 1 枚引いたとき，“クラブである” という情報量 $I(C)$，“A である” という情報量 $I(A)$，“クラブの A である” 情報量 $I(C, A)$ はそれぞれいくらですか？

† 解答 †

クラブである確率は 1/4，A である確率は 1/13，カードは 52 枚ですから，

$$\begin{aligned} I(C) &= -\log_2 1/4 = 2 \text{〔bit〕} \\ I(A) &= -\log_2 1/13 \cong 3.7 \text{〔bit〕} \\ I(C, A) &= -\log_2 1/52 \cong 5.7 \text{〔bit〕} \quad \big(= I(C) + I(A)\big) \end{aligned}$$

§ 例題 10.2§　イロハ 48 文字を用いてメールを送るとします．すべての文字がまったく同等の確率で使用されるとして，1 文字受信することにより得られる情報量はいくらになりますか？　100 文字のメールだといくらになりますか？

† 解答 †

ある文字を受信する確率は $P(a_i) = 1/48$,

この情報量は $I(a_i) = -\log_2 48 \cong 1.6812/0.3010 \cong 5.58$ 〔bit〕

100 文字文章の総数は 48^{100}．特定の文章を受信する確率は $1/48^{100}$.

したがって，その情報量は $100 \times 5.58 = 558$ 〔bit〕

◇　長文になるほど確率の低い状況を描写でき，情報量が上がります．

10.2　平均情報量（エントロピー）

集合 A の個々の要素が次々に発生して，例えば，a_3，a_8，a_6，$a_1\cdots$ のような事象列ができたとき，これら全体を**事象系** A と呼ぶことにします．個々の事象の発生する確率は一般に等しくないので，情報量もそれぞれ異なります．このような場合には，平均的な情報量を考えるほうが便利です．これには，個々の情報量の総和を事象の総数で割った**平均情報量**を用います．

事象列の長さを十分大きくとれば，$a_i (i = 1, 2, \cdots, n)$ が現れる度数 n_i と事象系列の総数 n の比は $(n_i/n) = P(a_i)$ になりますから，平均情報量は式 (10.4) のように表され，これを事象系 A の**エントロピー**と呼びます．

$$H(A) \quad = \quad -\sum_{i=1}^{n} P(a_i) \log_2 P(a_i) \quad \text{〔bit〕} \tag{10.4}$$

簡単な例として，要素が 2 つで，その一方が必ず起きる事象系を考えます．事象 a_1 の生起確率を p とすると，事象 a_2 の生起確率は $1 - p$ となりますから，この系のエントロピーは，

$$H(A) \quad = \quad -p \log_2 p - (1 - p) \log_2 (1 - p) \tag{10.5}$$

p を横軸にとって H(A) を描くと図 10.2 のようになります．この図は $p = 1/2$ で最大値 1 をとり，$p = 0$ および $p = 1$ では 0 になっており，個々の事象の情報量（図 10.1）とは様相が異なってきます．$p = 0$ および $p = 1$ はどちらの事象か起きるかが決まっている場合で，$p = 1/2$ はどちらが起きるかが五分五分である状況を示しています．このことから考えて，エントロピーは事象の不確かさを表しているといえます．

証明は省略しますが，事象系 A が n 個の事象から成り立っているとき，エントロピーが最大になるのは，各事象の確率が等しいときになります．このとき，事象の確率は $1/n$ になりますから，最大エントロピーは，

$$H(A) \quad = \quad -\sum_{i=1}^{n} \frac{1}{n} \log_2 \frac{1}{n} \quad = \quad \log_2 \frac{1}{n} \tag{10.6}$$

になります．これを**エントロピーの最大原理**といいます．

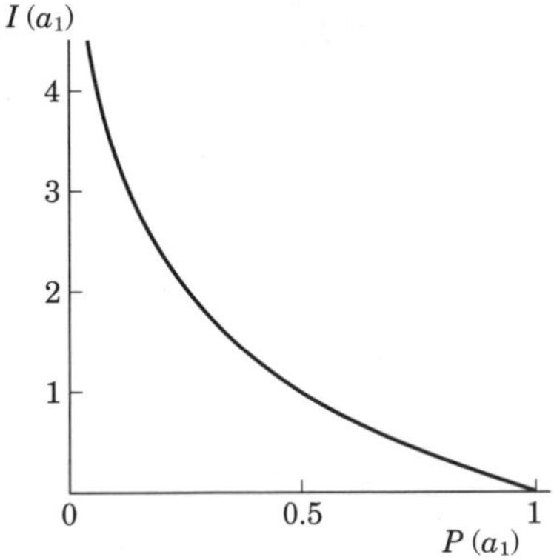

図 **10.1**　確率と情報量

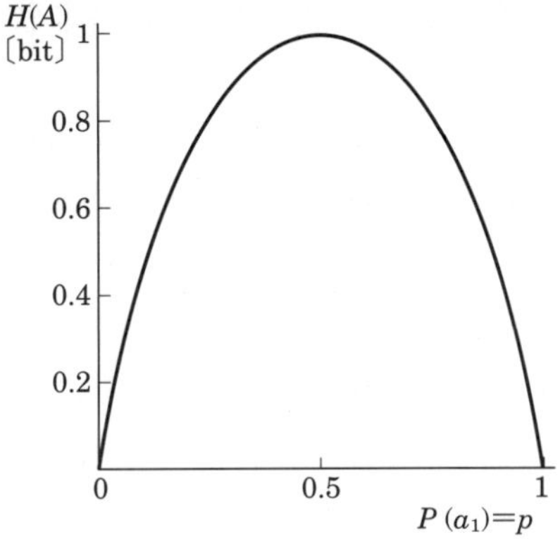

図 **10.2**　確率とエントロピー

参考 ◇　**エントロピーの語源**

エントロピーの語源はギリシャ語の“変化”に由来しています．エントロピーは熱力学で最初に導入されました．熱量 Q を温度 T で割った値で，熱機関の効率が 100〔%〕でなければこの値は増大します．この概念は統計力学に用いられ，粒子の配列と結び付けられました．エントロピーの低いもの（固体）ほど秩序が正しく，高いもの（気体）ほど不規則になります．その後，情報理論の分野にも導入され，系の不確かさを表す指標として用いられています．

§ 例題 10.3§　1, 0 で表されるデータがあり，1 は 1/3 の確率で，0 は 2/3 の確率で現れます．このデータ系のエントロピーはいくらですか？

† 解答 †

式 (10.5) を適用して，

$$\begin{aligned} H(A) &= -\frac{1}{3}\log_2\frac{1}{3} - \frac{2}{3}\log_2\frac{2}{3} \cong \frac{1}{3}\times 1.585 + \frac{2}{3}\times 0.585 \\ &\cong 0.528 + 0.390 = 0.918 \quad \text{〔bit/記号〕} \end{aligned}$$

◇　0 と 1 が均等に現れる場合よりエントロピーが小さいことに注意．1/3, 2/3 という生起確率のため，不確かさが少なくなっているからです．

10.3　結合，条件付，相互情報量

2 つの事象系 $A(a_1,\ a_2\cdots)$, $B(b_1,\ b_2\cdots)$ を考えます．例えば，情報源 A から発生する記号を a_i，その発生確率を $P(a_i)$，これを通信回線を通して受信した B の記号およびその発生確率をそれぞれ b_j，$P(b_j)$ とします．a_i と b_j が同時に発生する現象も新しい事象と考えることができ，**結合事象**といいます．結合事象の発生確率を $P(a_i, b_j)$ と表し，**結合確率**と呼びます．

回線に雑音がなければ $b_j = a_i$ になりますが，雑音があるとそのまま受信されるとは限りません．a_i を送信したとき，b_j として受信する確率 $P(b_j|a_i)$，受信記号が b_j であったとき，送信記号が a_i であった確率を $P(a_i|b_j)$ と表します．これらはそれぞれの条件下に生起する確率ですから，**条件付確率**になります．

$P(a_i, b_j)$ は，a_i が起きる確率と，a_i が起きたという条件下で b_j が起きる確率の積になります．このように考えると，次の関係が成り立つことがわかります．

$$P(a_i, b_j) \quad = \quad P(a_i)P(b_j|a_i) \quad = \quad P(b_j)P(a_i|b_j) \tag{10.7}$$

記号を受信する前に受信者が知っている a_i の生起確率は $P(a_i)$ ですが，記号 b_j を受信したことを知った時点でこの値は $P(a_i|b_j)$ に変わります．したがって，$P(a_i)$ を**事前確率**，$P(a_i|b_j)$ を**事後確率**と呼ぶことがあります．

結合確率，条件付確率に対応する情報量を**結合情報量**，**条件付情報量**，条件による生起確率の変化に対応する情報量を**相互情報量**と呼び，次式で表します．

$$I(a_i, b_j) \quad = \quad -\log_2 P(a_i, b_j) \tag{10.8}$$

$$I(a_i|b_j) \quad = \quad -\log_2 P(a_i|b_j) \tag{10.9}$$

$$I(a_i; b_j) \quad = \quad \log_2 \frac{P(a_i|b_j)}{P(a_i)} \quad = \quad \log_2 \frac{P(a_i, b_j)}{P(a_i)P(b_j)} \tag{10.10}$$

$a_i = b_j$ のとき，相互情報量は $\log_2\{1/P(a_i)\}$ で自己情報量と等しくなります．事象系 A, B がまったく独立であれば $P(a_i, b_j) = P(a_i)P(b_j)$ ですから，相互情報量はゼロになりますが，相反する結果が出たときは負の値を取ります．また，$I(a;b) = I(b;a)$，$I(a;b) \leq I(a)$ or $I(b)$ の関係があります．

§例題 10.4§　1, 0 で表されるデータがあり，1 は 1/3 の確率で，0 は 2/3 の確率で現れます．このデータをある通信路を通して送信したところ，1 の中で 1/10 が 0 に，0 の中で 1/5 が 1 に誤って受信されました．次の値を求めなさい．

(1)　1 が送信されて 1，0 が送信されて 0 が受信される確率

(2)　全体として誤っている確率

(3)　1 を受信する確率

(4)　1 を受信したとき，1 が送信された確率および条件付情報量

(5)　1 を送信して 1 を受信したという事象の相互情報量

†解答†

1, 0 を送信する事象をそれぞれ a_1，a_2，1, 0 を受信する事象をそれぞれ b_1，b_2 とすると，題意から，

$$P(a_1) = 1/3, \quad P(a_2) = 2/3, \quad P(b_1|a_1) = 9/10$$
$$P(b_2|a_1) = 1/10, \quad P(b_1|a_2) = 1/5, \quad P(b_2|a_2) = 4/5$$

(1) 式 (10.7) を用いて，

$$P(a_1, b_1) = P(a_1)P(b_1|a_1) = (1/3) \times (9/10) = 0.3$$
$$P(a_2, b_2) = (2/3) \times (4/5) \cong 0.533$$

(2) $P(a_1, b_2)$ と $P(a_2, b_1)$ の和ですから，

$$P(error) = (1/3) \times (1/10) + (2/3) \times (1/5) \cong 0.167$$

(3) $P(a_1, b_1)$ と $P(a_2, b_1)$ の和ですから，

$$P(b_1) \cong 0.3 + 0.133 \cong 0.433$$

(4) この確率は $P(a_1|b_1)$ で式 (10.7) から，条件付情報量は式 (10.9) から

$$P(a_1|b_1) = \frac{P(a_1, b_1)}{P(b_1)} = \frac{0.3}{0.433} \cong 0.692$$
$$I(a_1|b_1) \cong -\log_2 0.692 \cong 0.531\,\text{〔bit〕}$$

(5) この相互情報量は $I(a_1; b_1)$ で表されます．式 (10.10) から，

$$I(a_1; b_1) = \log_2 \frac{P(a_1|b_1)}{P(a_1)} = \log_2 \frac{9/13}{1/3} \cong 1.055\,\text{〔bit〕}$$

10.4　各種エントロピー，平均相互情報量

事象系 A が事象 $a_1, a_2, \cdots a_n$ で構成されているとします．事象 a_i の発生確率 $P(a_i)$ からその事象の情報量が得られ，全事象の平均情報量として事象系 A のエントロピーが得られることを第 1, 2 節で述べました．

事象系 A の事象 a_i と事象系 B の事象 b_j があるとき，それらの間の関係を示す量として結合情報量，条件付情報量，相互情報量が定義されますが，これらの情報量についてもそれぞれの平均量を考えることができます．

事象系 A と B 間の結合事象が持つ平均情報量を**結合エントロピー** $H(A, B)$ と呼び，結合情報量 $I(a_i, b_j)$ の平均値として次式で表されます．

$$H(A,B) = \sum_{i=1}^{n}\sum_{j=1}^{m} P(a_i, b_j) I(a_i, b_j) \tag{10.11}$$

同様に条件付情報量 $I(a_i|b_j)$ の平均値として，**条件付エントロピー** $H(A|B)$ を考えることができます．

$$H(A|B) = \sum_{i=1}^{n}\sum_{j=1}^{m} P(a_i, b_j) I(a_i|b_j) \tag{10.12}$$

$H(A, B)$ と $H(A|B)$ の間には次の関係があることが証明されます．

$$H(A,B) = H(A) + H(B|A) = H(B) + H(A|B) \tag{10.13}$$

A と B の相互情報量 $I(a_i; b_j)$ からは**平均相互情報量** $I(A; B)$ が得られます．

$$I(A;B) = \sum_{i=1}^{n}\sum_{j=1}^{m} P(a_i, b_j) I(a_i; b_j) \tag{10.14}$$

平均相互情報量には $I(A; B) = I(B; A)$，$I(A; B) \geq 0$ 性質があり，結合エントロピー，条件付エントロピーとの間には次の関係があることが証明されます．

$$I(A:B) = H(A) + H(B) - H(A,B) \tag{10.15}$$

$$= H(A) - H(A|B) = H(B) - H(B|A) \tag{10.16}$$

各種情報量と，これに対応するエントロピーおよび平均相互情報量との相互関係を図示すると図 10.3 のようになります．

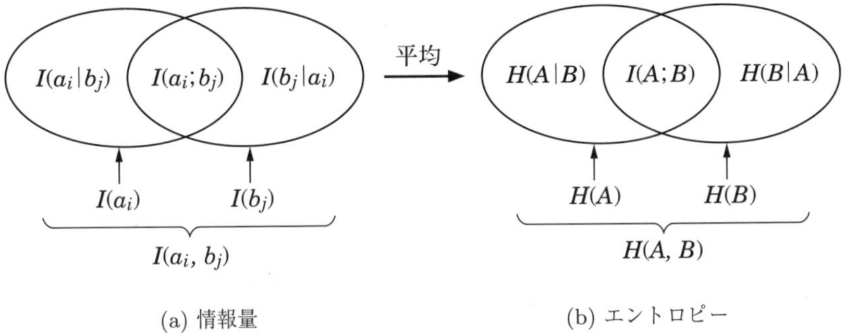

図 10.3　情報量とエントロピーの関係

参考 ◇　平均相互情報量

相互情報量の平均は相互エントロピーとはいわず平均相互情報量といい，記号も $H(A;B)$ ではなく $I(A;B)$ であることに注意しましょう．

$I(a_i;b_j)$ は負の値を取ることがありますが，$I(A;B) \geq 0$ となります．これは A と B 全体を見れば，お互いに他方に関して何がしかの情報をもっている（まったく持っていなければ 0）ことを示しています．

§例題 10.5§　例題 10.4 において，送信事象を A，受信事象を B とするとき，平均相互情報量 $I(A;B)$ を求めなさい．

†解答†

例題 10.4 を参考にして $P(a_i)$，$P(b_i)$，$P(a_i, b_j)$ を求めると，

$P(a_1) = 1/3,\ P(a_2) = 2/3,\ P(b_1) = 13/30,\ P(b_2) = 17/30.$

$P(a_1, b_1) = 3/10,\ P(a_1, b_2) = 1/30,\ P(a_2, b_1) = 2/15,\ P(a_2, b_2) = 8/15,$

これから $I(a_i;b_j)$ を計算すると，

$I(a_1;b_1) \cong 1.054, \quad I(a_1;b_2) \cong -2.503$

$I(a_2;b_1) \cong -1.115, \quad I(a_2;b_2) \cong 0.4975.$

$P(a_i, b_j)$ および $I(a_i;b_j)$ を式 (10.14) に代入すると，

$I(A;B)\ \cong\ 0.3162 - 0.0834 - 0.1487 + 0.2653\ \cong 0.349$〔bit〕

章末問題 10

1　1 ～ 6 の目をもつサイコロを 2 つ振りました．すべての目は同じ確率で出るものとして次の問いに答えなさい．

(1)　ぞろ目が出たということがわかったとき，その情報量はいくらですか？

(2)　2 つのサイコロがもつエントロピーはいくらですか？

2　A, B, C の 3 講義があるとします．

(1)　受講者がそれぞれ 200〔名〕, 90〔名〕, 10〔名〕であるとき,「K 君が C 講義を受けている」という情報の情報量はいくらですか？

(2)　上記の受講者があるとき,「ある受講者がある講義を受けている」という情報のもつエントロピーはいくらですか？

3　例題 10.4 において次の値を求めなさい．

(1)　0 を受信する確率

(2)　0 を受信したとき，0 が送信された確率および条件付情報量

(3)　0 を送信して 0 を受信したという事象の相互情報量．

(4)　結合エントロピー $H(A, B)$，条件付エントロピー $H(A|B)$, $H(B|A)$.

† ヒント †

1　サイコロの問題

(1)　両方 1 が出る確率は？　それが 6 通りあります．

(2)　生起する事象は ${}_6C_2$ とおり．その生起確率は等しい．

2　受講者の問題

(1)　ある受講者が C を受講している確率は 10/(200+90+10)

(2)　式 (10.4) を用います．

3　前ページの例題

(1)　$P(b_2) = P(a_1)P(b_2|a_1) + P(a_2)P(b_2|a_2)$

(2)　$P(a_2|b_2) = P(a_2, b_2)/P(b_2)$

(3)　$I(a_2; b_2) = \log_2\{P(a_2|b_2)/P(a_2)\}$

(4)　$H(A)$, $H(B)$ と例題 10.5 の $I(A; B)$ から求めることができます．

11 信号と雑音

伝送路の途中または機器の入力から混入し，通報を予想不能の状態にするものを雑音といいます．世の中にはいろいろな雑音が存在します．生活環境における騒音は大きな社会問題になっていますが，情報通信においても雑音はどうしても避けて通れない問題の 1 つです．雑音を成因によって分類すると，**外来雑音**と**内部雑音**に大別されます．外来雑音には雷のように自然に発生するものと，自動車の点火時に発生するような人工雑音があります．内部雑音としては抵抗などが発生する熱雑音や電流雑音，電源に起因するハムなどがよく遭遇する雑音です．

これらの雑音は信号に対してどの程度存在するかが問題になります．これを**信号対雑音比**（SN 比）と呼びます．きれいな画面表示が必要な場合は 10^5 倍以上の SN 比が必要ですし，宇宙通信のように信号の減衰が大きいときも後処理に必要な SN 比を確保しなければなりません．

本章では，次のような事項について学習したいと思います．

(1)　信号・雑音の表現法

(2)　熱雑音

(3)　信号対雑音比

(4)　雑音指数

(1) では，信号や雑音を取り扱う上で用いられる表現法を説明します．(2) では雑音の中でも，特によく出てくる熱雑音とその性質について述べます．熱雑音は抵抗体の分子の運動に起因するもので，実用される周波数帯全般にわたってほぼ一様なスペクトルをもっていますから，あらゆる電子機器に影響を与えます．信号対雑音比は雑音の影響度合いを示す重要な指標ですが，用途によっていろいろな表現があります．(3) ではこれらの紹介とその意義について説明します．(2) で述べるようにあらゆる電子機器は雑音を発生しますが，その程度を示す指標として雑音指数があります．(4) では，雑音指数の定義と使い方について例を挙げて説明します．

11.1 信号・雑音の表現法

雑音は不規則で複雑に変化しますから，その大きさを一義的に表すことができません．信号も特別な場合を除いては同様です．したがって，これを表すのにいろいろな統計的表現が用いられます．

ある事象の数が番号を付けて表せる場合を**離散的**，連続で番号を付けられない場合を**連続的**といいます．離散的な場合，事象 x_1，x_2，$\cdots$，x_n が起きる確率を p_1，p_2，$\cdots$，p_n とし，事象全体は**確率変数** X で表します．連続的な場合は確率密度関数を用います．X が $a < X < b$ の値を取る確率を $P(a < X < b)$ とするとき，$P(a < X < b) = \int_a^b f(x)dx$ を満足する $f(x)$ を**確率密度関数**といいます．

以下，これらの値を用いて表される統計的表現の主なものを紹介します．

(1) **平均値**

平均値 m は**期待値**とも呼ばれ，その場合は $E(X)$ と表されます．

$$m = E(X) = \begin{cases} \sum_i x_i p_i & \text{離散的な場合} \\ \int_{-\infty}^{\infty} x f(x) dx & \text{連続的な場合} \end{cases} \tag{11.1}$$

(2) **分散と標準偏差**

分散は σ^2，Var X などと表されます．

$$\sigma^2 = \mathrm{Var}\ X = E[(X-m)^2] = E(X^2) - m^2 \tag{11.2}$$

$$= \begin{cases} \sum_i (x_i - m)^2 p_i & \text{離散的な場合} \\ \int_{-\infty}^{\infty} (x-m)^2 f(x) dx & \text{連続的な場合} \end{cases} \tag{11.3}$$

標準偏差は分散の平方根で，σ，$\sqrt{\mathrm{Var} X}$ などと表されます．

(3) **相関関数**

確率変数 X, Y があるとき，式 (11.4), (11.5) で表される R_{XX}, R_{XY} をそれぞれ**相互相関関数**，**自己相関関数**といいます．

$$R_{XY}(\tau) = E\{X(t)Y(t+\tau)\} \tag{11.4}$$

$$R_{XX}(\tau) = E\{X(t)X(t+\tau)\} \tag{11.5}$$

参考 ◇　離散値の処理について

取得した N 個のデータの平均値や分散は次のようにして求められます．

$$m = \frac{1}{N}\sum_{i=1}^{N} x_i, \qquad \sigma^2 = \frac{1}{N}\sum_{i=1}^{N}(x_i - m)^2 \tag{11.6}$$

参考 ◇　分散と標準偏差

これらは数値がどの程度ばらついているかを示す重要な値です．標準偏差の 2 乗が分散ですから,「測定値 (X) が電圧の場合，分散は電力を表す」といわれることがよくあります．このとき，抵抗値は 1〔Ω〕と仮定されています．

§ **例題 11.1**§　分散に関する式 (11.2) を求めなさい．

† **解答** †

分散の定義式 $\sigma^2 = E[(X-m)^2]$ を展開すると，$\sigma^2 = E[X^2 - 2mX + m^2]$ を得ます．X のいくつかの関数の和の期待値は，個々の関数の期待値の和として表すことができます．また，$E[X] = m$ ですから，

$$\sigma^2 = E[X^2] - 2mE[X] + m^2 = E[X^2] - m^2$$

参考 ◇　相関係数

相関関数は X と，これより τ だけ遅れた Y の波形がどの程度似ているかを表します．さらにこれを σ_X，σ_Y で正規化した値を**相関係数**といいます．次式の r_{XY} は相互相関係数，r_{XX} は自己相関係数になります．

$$r_{XY} = E\left\{\frac{(X - m_X)}{\sigma_X}\cdot\frac{(Y - m_Y)}{\sigma_Y}\right\} \tag{11.7}$$

$$r_{XX} = E\left\{\frac{(X - m_X)^2}{\sigma_X^2}\right\} \tag{11.8}$$

相関係数は $-1 \le r \le 1$ になります．相関係数 1 のとき，2 つの波形は完全に等しく，-1 は正反対，0 の場合はまったく似ていないことを示します．

次節で述べる白色雑音の自己相関係数 $r_{XX}(\tau)$ は $\tau = 0$ で 1 となり，$\tau \neq 0$ では 0 となります．すなわち，少しでも時間がずれるとまったく違った値を取ります．これは帯域幅が ∞ の場合起きる現象です．

11.2 熱雑音

外部から何ら電気的に制約を受けていない抵抗があると，自然に雑音が発生します．これは抵抗内の自由電子の運動によるもので，抵抗を構成する物質の種類や形には関係しません．自由電子は，分子間の空間を衝突を繰り返しながら不規則な運動をしており，これが雑音電流となります．このエネルギーが絶対温度 T〔K〕に比例しますから，この雑音を**熱雑音**といいます．

電子は分子と衝突するごとに図 11.1 のように向きを変えるので，特定方向の電流は図 11.2 のように階段状に変化します．電子の自由行程から計算すると，階段の継続時間 τ は，平均値で約 10^{-13}〔s〕になります．$1/\tau$ に比べて十分低い周波数では，スペクトルはほぼ一様分布をするとみなされます（図 6.2 参照）．

一様分布をする雑音を**白色雑音**といいます．$1/\tau = 10^{13}$〔Hz〕$= 10$〔THz〕ですから，光は別として，熱雑音は実用されているすべての周波数について白色雑音であるといえます．白色雑音源を周波数帯域幅が B〔Hz〕の回路に加えるとき，雑音源から供給される最大電力 N は次のように表されます．

$$N \quad = \quad kTB\,〔\mathrm{W}〕 \qquad (11.9)$$

ここに k は**ボルツマンの定数**と呼ばれ，1.38×10^{-23}〔J/K〕です．この式は抵抗値に関係なく成り立つ式で，いろいろなところで応用されます．

抵抗 R〔Ω〕が絶対温度 T〔K〕であったとすると，抵抗の端子 AB 間にはつねに瞬時値 v の電圧を発生しています．これに負荷（便宜上雑音のない抵抗）R_L を接続すると，R_L には雑音電力が供給されますから，等価回路を描くと図 11.3 のようになります．その値は**整合**状態，すなわち $R_L = R$ のとき最大値 N になります．このとき負荷に流れる電流は $v/(2R)$，負荷に供給される平均電力は $\overline{v^2}/4R$ となり，これを**最大有効雑音電力**といいます．ここに $\overline{v^2}$ は v の二乗平均値です．したがって，抵抗値 R が発する熱雑音電圧二乗平均値を帯域幅 B の測定器で測ると，その値は式 (11.10) のようになります．

$$\overline{v^2} \quad = \quad 4kTRB \qquad (11.10)$$

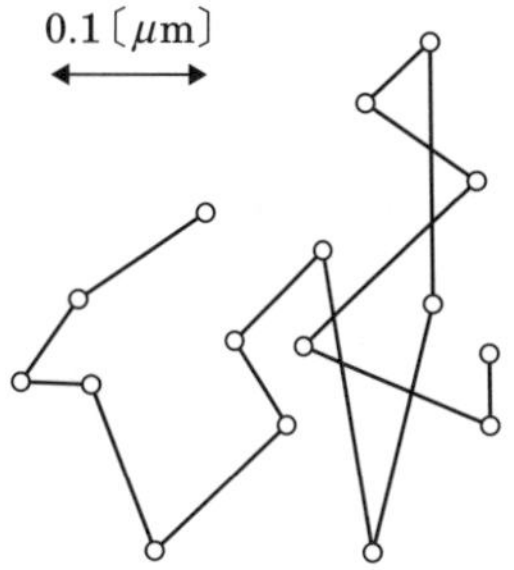

図 **11.1**　自由電子の運動

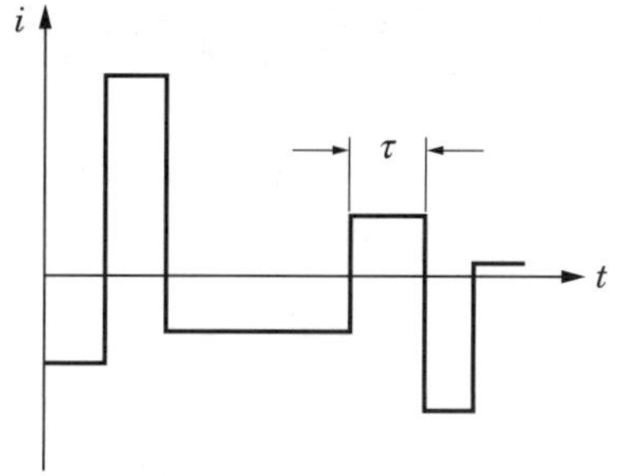

図 **11.2**　熱雑音電流

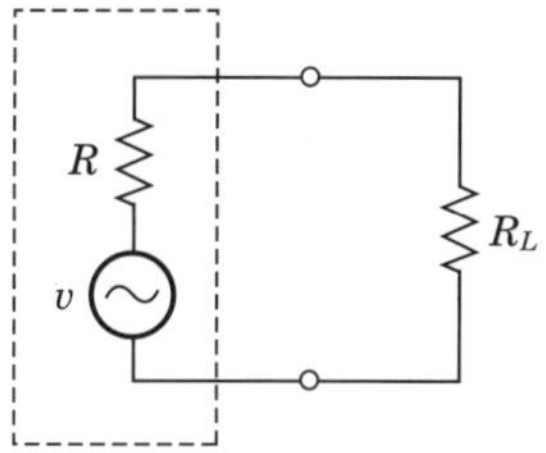

図 **11.3**　等価回路

参考 ◇　$N = kTB$ **の誘導**

概略を述べると次のとおりです.

気体運動論を自由電子の運動に適用するとエネルギーは単位自由度ごとに kT に等しくなります．抵抗 R から出る雑音の周波数 df 間の波に対しこれを適用すると $dN = kTdf$ が求められます.

§**例題 11.2**§　周囲温度 27〔°C〕において，抵抗 R の発する最大有効雑音電力は 1〔Hz〕あたりいくらになりますか？

† **解答** †

抵抗値の如何にかかわらず式 (11.9) が成り立ちますから，

$$N = 1.38 \times 10^{-23} \times 300 \cong 4.14 \times 10^{-21}〔W〕\cong -174〔\mathrm{dBm}〕$$

参考 ◇　**雑音の振幅分布**

雑音振幅はランダムに変化しますから，前節で述べたように振幅値を記述するには確率的な表現が用いられます．最もよく用いられる確率密度関数は平均値がゼロの**ガウス分布**（**正規分布**とも呼ばれます）です．ガウス分布の詳細は付録 **A.7** を参照してください.

◇　振幅がガウス分布，スペクトルが一定の場合，白色ガウス分布といいます.

11.3 信号対雑音比

雑音はできるだけ小さいほうが望ましいことはもちろんですが，信号がそれより十分大きければ実用上差し支えありません．しかし，信号が小さくなってくると，雑音自体を極力抑える工夫が必要になります．このことから，**信号対雑音比** (SNR = Signal-to-Noise Ratio) が重要な役割を演じることになります．

SNR はシステムや機器における特定の点での信号電力と雑音電力の比を取って S/N とも表されます．また，場合によっては信号と雑音の電圧比で表すこともあります．特定の点の取り方はさまざまなヴァリエーションがありますし，電力や電圧も平均を取るのかピーク値を取るのか等 SNR の表し方も多種多様です．詳しいことは専門科目に譲りますが，ここでは図 11.4 を参照して，よく出てくるいくつかの表現について説明します．

最もよく用いられるのは回路の出力に適用されるもので，出力 SNR と呼ばれます．例えば TV 受信機の出力は表示装置に接続されますが，この点における SNR は出力 SNR になります．冒頭でも述べたとおり，見る人のほとんどが "非常にきれいな画面" と認めるには SNR は 50〔dB〕以上必要だといわれています．特に出力であることを明確にしたい場合は S_o/N_o と表すことがあります．受信機や増幅器の入口における SNR を用いることもよくあります．この場合は S_i/N_i と表します．

通信を行うには電波に信号を乗せて（変調）送りますが，この電波を**搬送波**といいます．受信機に到来した搬送波の電力と，これに付随している雑音電力の比を CNR(Carrier-to-Noise Ratio) といい，この値もしばしば用いられます．

ディジタル通信の場合は 1〔bit〕当たりの信号電力 E_b が雑音電力密度（ 1〔Hz〕当たりの雑音電力）η の何倍あるかという値を用いることがあります．これは E_b/η などと表されます．

レーダでは不要反射のことをクラッタといい，これが主な雑音になることが間々あります．このときは，同一面積当たり信号電力とクラッタ電力の比 SCR (Signal-to-Clutter Ratio) を用います．

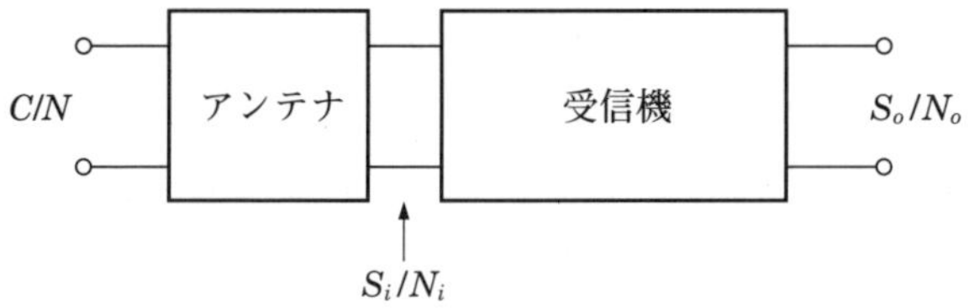

図 **11.4**　受信機と各種 SNR

参考 ◇　SNR を良くするには

大きな SNR を得るには，雑音の少ない受信機を設計する（次節参照），温度を下げる，帯域幅は必要最小限に押さえるなどが必要です．その他，信号と雑音の特性の違いを利用する方法がいろいろ研究されています．

§ 例題 11.3§　例題 11.2 において，周囲温度が 30〔K〕であったら，最大有効雑音電力は 1〔Hz〕あたりいくらになりますか？

† 解答 †

$$N = kTB = 1.38 \times 10^{-23} \times 30 \times 1 = 4.14 \times 10^{-22}〔\mathrm{W}〕$$

雑音電力は 1/10 に減少します．

§ 例題 11.4§　受信機入力に 10〔μV〕の信号電圧が到来しました．受信機の入力抵抗が 50〔Ω〕で 27〔°C〕にあるとき，周波数帯域幅 1〔MHz〕あたりの雑音に対し，信号対雑音電圧比はいくらになりますか？

† 解答 †

雑音実効電圧 (rms) は $\sqrt{\overline{v^2}}$．この値は式 (11.10) より，

$$\begin{aligned}\sqrt{\overline{v^2}} &= \sqrt{4kTBR} = \sqrt{4 \times 4.14 \times 10^{-21} \times 10^6 \times 50} \\ &\cong 9.1 \times 10^{-7}〔\mathrm{V}〕= 0.91〔\mu\mathrm{V}〕\end{aligned}$$

したがって，信号対雑音電圧比 SNR_v は

$$SNR_v = \frac{10}{0.91} \cong 11.0〔倍〕\cong 20.8〔\mathrm{dB}〕$$

11.4 雑音指数

入力と出力を有する任意の線形回路（出力が入力に比例する）を雑音の立場から見て評価するにはどうしたらよいでしょう．実際の回路は必ず雑音を発生しますから，入力における信号対雑音比 S_i/N_i と出力における信号対雑音比 S_o/N_o を比べると，出力側の方が低い値になっています．そこで，入力と出力の信号対雑音比の比を取れば，この値が大きいほど内部雑音が多く発生していることがわかります．この値を**雑音指数** (Noise Figure) n_f と呼び，次式で表されます．

$$n_f = \frac{S_i/N_i}{S_o/N_o} \tag{11.11}$$

回路の絶対温度を T，雑音等価帯域幅を B とすると，入力における有効雑音電力は $N_i = kTB$ と表せます．回路の利得 G は $G = S_o/S_i$ です．したがって，出力雑音は雑音指数を用いて次のように表すことができます．

$$N_o = n_f kTBG \tag{11.12}$$

式 (11.12) を変形すると，式 (11.13) を得ます．

$$N_o = kTBG + (n_f - 1)kTBG \tag{11.13}$$

第 1 項は信号源から，第 2 項は受信機から発生したものと解釈できます．この考え方を応用すると，図 11.5 のように縦続に接続した 2 段増幅器の雑音指数を求めることができます．帯域幅 B が等しく，第 1 段，第 2 段の利得が G_1, G_2, 第 1 段と第 2 段の雑音指数がそれぞれ n_{f1} および n_{f2} であるとします．第 2 段から見て，入ってくる雑音が $n_{f1}kTBG_1$ であり，第 2 段から発生する雑音が $(n_{f2} - 1)kTBG_2$ であると考えれば，出力雑音電力 N_o，総合の雑音指数 n_f は式 (11.14), (11.15) のように表されます．

$$N_0 = n_f kTBG_1G_2 = n_{f1}kTBG_1G_2 + (n_{f2} - 1)kTBG_2 \tag{11.14}$$

$$n_f = n_{f1} + \frac{n_{f2} - 1}{G_1} \tag{11.15}$$

第 1 段の利得が大きければ，第 2 段の雑音指数の影響は少ないが，逆に第 1 段で損失が起きれば，第 2 段の雑音指数が大きく影響を及ぼすようになります．

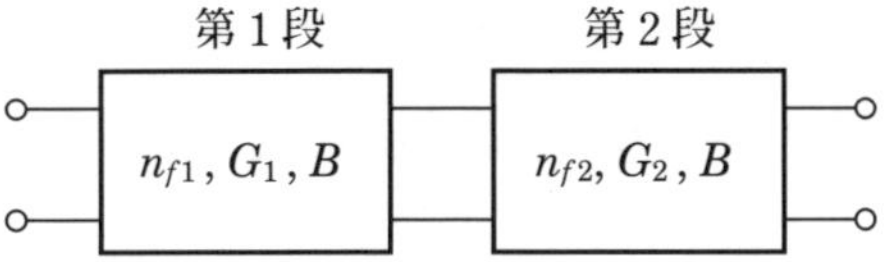

図 **11.5** 直線回路の 2 段縦続接続

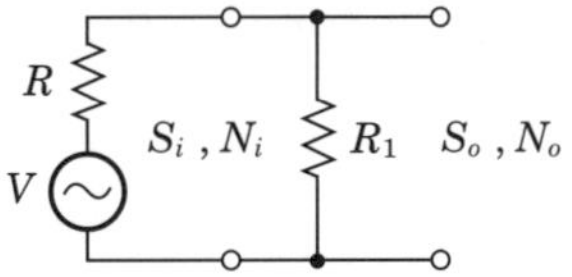

図 **11.6** 並列抵抗

§例題 11.5§ 図 11.6 に示すように，内部抵抗 R の信号源に並列に接続した抵抗 R_1 の雑音指数を求めなさい．

†解答†

熱雑音だけと考えると，抵抗の有効雑音電力は，抵抗値の如何にかかわらず kTB ですから $N_i = N_o = kTB$ です．

信号源の電圧を V とすると入力側の有効電力は $V^2/4R$，出力側の有効電力は $(\frac{R_1}{R+R_1}V)^2/(4\frac{RR_1}{R+R_1})$ ですから，$S_o/S_i = G = R_1/(R+R_1)$ となります．

これらの値を式 (11.11) に代入すると，$n_f = (R+R_1)/R_1$ になります．

§例題 11.6§ 雑音指数 8.0〔dB〕，利得 10〔dB〕，帯域幅 20.0〔kHz〕の増幅器を 2 段縦続接続しました．周囲温度 27〔°C〕としてこの回路の雑音指数および有効熱雑音電力を求めなさい．

†解答†

$n_{f1} = n_{f2} = 8.0$〔dB〕$\cong 6.31$〔倍〕，$G_1 = G_2 = 10$〔dB〕$= 10$〔倍〕，$G = 10^2$〔倍〕．雑音指数は，式 (11.15) より，

$$n_f \cong 6.31 + \frac{1}{10}(6.31-1) \cong 6.84$$

$k = 1.38 \times 10^{-23}$〔J/K〕，$T = 300$〔K〕，$B = 20.0 \times 10^3$，$n_f = 6.84$ を式 (11.5) に代入すると有効熱雑音電力は，

$$N_0 \cong 6.84 \times 1.38 \times 10^{-23} \times 300 \times 20.0 \times 10^3 \times 10^2$$

$$\cong 5.66 \times 10^{-14} \quad \text{〔W〕}$$

章末問題 11

1　内部抵抗 R，電圧電圧 V の信号源に負荷抵抗 R_L を接続したとき，負荷に取り出せる電力は $R_L = R$ で最大になることを証明しなさい．

2　増幅器や受信機において熱雑音の影響を極力小さくするにはどういう点に注意を払う必要がありますか？

3　ある受信機の入力 SNR が 3,000〔倍〕のとき，出力 SNR が 800〔倍〕でした．この受信機の雑音指数は何〔dB〕ですか？

4　雑音指数 n_{fc} の混合器の前段に，利得 G_a 雑音指数 n_{fa} の高周波増幅器を設置しました．総合の雑音指数 n_f はいくらになるでしょう？

5　例題 11.6 において，受信機の出力インピーダンスが 50〔Ω〕であったとします．これに 50〔Ω〕の負荷を接続したとき，負荷の雑音電圧 v_o はいくらになりますか？

6　前問において，受信機の出力インピーダンスが 0〔Ω〕であったとすると，50〔Ω〕の負荷に発生する雑音電圧はいくらになりますか？

†ヒント†

1　電力は $W = \{V/(R+R_L)\}^2 R_L$．$dW/dR_L = 0$ から R_L を求めます．

2　特に初段において，n_f の小さい素子の選択し，必要な場合は冷却します．目的に合った必要最小限の帯域幅にとどめます．

3　式 (11.11) より n_f を求め，デシベルに換算します．

4　式 (11.14) の考え方を用います．混合器入力において，高周波増幅器から出る雑音電力は $n_{fa}G_a kTB$，混合器から発生する電力は $(n_{fc}-1)kTB$，これを加えた電力が $n_f kTBG_a$ になります．

5　式 (11.10) と同様に考えて，$N_o = n_f kTBG = \overline{v_o^2}/4R_L$．

6　この場合は雑音有効電力がすべて負荷に取り出されますから，$N_o = \overline{v_o^2}/R_L$．

12 通信速度と通信路容量

第 10 章で，生起確率が低い事象が起きるほどその情報量は大きいことを述べました．事象を表すのに 1, 0 のビットを使うとすると，ビット数が多いほど表し得る事象の数は増えますから，その事象が起きる確率は少なくなり，情報量は増えるわけです．これをある時間内に伝送しようとすると，早い速度で送り出さなければなりません．

一方，これを送る通信路の方は，その特性によって一定の通信容量を持っています．例えば，帯域幅が広く，雑音の少ない通信路の容量は大きくなります．通信容量を越えるようなスピードで情報が入ってくると，通信路は処理しきれなくなって，誤差だらけの情報になってしまいます．

本章では，この間の関連に重点を置いて，次のような事項を学習したいと思います．

(1)　情報源通信速度

(2)　通信路容量

(3)　帯域制限された白色ガウス通信路

(4)　シャノンの定理

ある情報を伝送しようとするとき，その内容によって送り出す速度は決まってきます．(1) では，これまでに述べてきた事項をもとに，この情報通信速度についてまとめます．(2) では，入出力間の相互情報量から通話路容量を定義し，簡単な例においてこの値を求めてみます．実際の通話路は帯域幅を持ち，雑音が混入します．(3) では，この場合の通信容量がどのようになるかを示します．情報源通信速度と通話路容量は整合がとれていなければなりません．(4) ではこれらの間にどういう関係があるのかを示すシャノンの 2 つの定理について述べます．

12.1　情報源通信速度

第 10 章で述べたように，情報量はビットで表されます．これを伝送する場合の速度 R は〔bps〕(bit per second)，すなわち 1 秒間に送り出されるビット数で表されます．一般に情報量が多くなればなるほどビット数は多くなります．メガビット〔Mbit〕やギガビット〔Gbit〕もある情報をゆっくり伝送していたのでは時間がかかって仕方がありません．例えば 1〔Mbit〕の情報を 50〔bps〕で送ったのでは 5 時間半もかかってしまいます．

〔bps〕では遅すぎるので,〔kbps〕(= 10^3〔bps〕),〔Mbps〕(= 10^6〔bps〕) や〔Gbps〕(= 10^9〔bps〕) の通信速度が用いられます．例えばパソコン通信で用いられる 56〔kbps〕，LAN(Local Area Network) における 100〔Mbps〕や 1〔Gbps〕などがあります．

文章において，文字を句読点なしに羅列したのでは読めなくなります．情報伝送でも同じで，“1” “0” 信号をそのまま送ったのではどこが区切りなのかわからなくなってしまいます．そこで，ごく短い距離の伝送を除いては，区切りを示す何らかの符号を付け加えます．また，信頼度を上げるための符合を付け加えることも必要になります．その分若干通信速度を上げなければなりません．

アナログ波形の場合はどうでしょうか？　ディジタル化して伝送するには，第 6.4 節に述べたようにアナログディジタル変換を行います．実時間で伝送するには，これをそのままの速度で送出する必要があります．例題 6.3 に述べたとおり，音声伝送の場合は 64〔kbps〕になります．

画像の場合は，第 6.2 節に述べたように静止画であるか動画であるかでずいぶん違ってきますが，一般に音声よりずっと高い周波数成分を持っています．TV のような映像の場合は最高周波数は 4〔MHz〕ですから，音声の約 1,000 倍の速度を必要とすることになり，同じ量子化を行うとすると 64〔Mbps〕になりますし，動きの少ない場合でも数百〔kbps〕になります．このほか，上に述べた若干の付加ビットが必要になります．前にも述べたとおり，アナログの原信号に比べて非常に広い帯域幅が必要になります．

参考 ◇　情報源通信速度の定義

本文では簡単のため，"1" "0" 信号の伝送を前提にしていますが，第 7 章で述べた多値変調を使うと，同じ時間内にもっと多い情報を送ることができます．したがって，情報源通信速度 R をもっと一般的に定義するならば次のようになります．

$$R = \frac{\text{（1 symbol 当たり）平均情報量}}{\text{（1 symbol 当たり）平均時間}} = \frac{H}{\bar{T}} \text{〔symbol/s〕} \quad (12.1)$$

ここに H は情報源のエントロピー，$\bar{T}$ は平均時間です．

"1" "0" 信号の場合，エントロピーは 1〔bit〕，平均時間はパルス繰り返し時間 T ですから，$R = 1/T$〔bps〕になります．

§ 例題 12.1§　幅 1〔ns〕の "1" "0" パルス列を，間隔 10〔ns〕で送出しました．

(1) 情報源通信速度 R はいくらですか？

(2) オール 1 のパルス列スペクトルが 0 になる周波数はいくらですか？

† 解答 †

(1) 情報源通信速度は 1〔s〕間に送り出すビット数ですから，

$$R = \frac{1}{T} = \frac{1}{10 \times 10^{-9}} = 10^8\text{〔bps〕} = 100\text{〔Mbps〕}$$

(2) スペクトルのゼロは $n(1/\tau)$ でおきます（図 6.2 または式 (6.4) 参照）．

$$f_{null} = \frac{n}{\tau} = \frac{n}{1 \times 10^{-9}} = n\text{〔Gbps〕} \quad n = 1, 2, \cdots$$

§ 例題 12.2§　最高周波数成分が 20〔kHz〕のアナログ信号の振幅を $Q = 1024$ 段階に分けてディジタル化して伝送すると情報源通信速度はいくらになりますか？

また，この信号を 16QAM を用いて伝送するとどうなりますか？

† 解答 †

標本化周波数は $2 \times 20 = 40$〔kHz〕．$\nu = \log_2 1024 = 10$〔bit〕ですから，

$$R = 40 \times 10 = 400\text{〔kbps〕}$$

16QAM で送出する符号 1〔symbol〕で 4 ビット分の信号を送ることができ，

$$R = 40 \times 10/4 = 100\text{〔ksymbol/s〕}$$

〔bit〕も〔symbol〕も同じ長さとすると，通信速度は 4 倍になります．

12.2　通信路容量

前節では信号源からの送出速度について述べました．これを受信側に届けるためには通信路を通さなければなりません．図 12.1 において，四角で示した部分が通信路を示します．左側から送信符号が入り，通信路の影響を受けて右側の受信符号になるとします．実際の通信路には必ず雑音が混入してきますので，これを別に加わる入力として表しています．

◇　図の表現は通信路に限らず，入出力関係を表すのに広く用いられます．

送信符号の集合を A，受信符号の集合を B とするとき，送信信号の情報が平均として受信側に到達する量は平均相互情報量 $I(A;B)$ で与えられます．

$$I(A;B) \;=\; H(A) - H(A|B)$$

$I(A;B)$ は送信符号のおのおのが発生する確率と通信路の特性によって決まります．

送信符号の発生確率や雑音による誤り確率を色々変化させて得られる $I(A;B)$ の単位時間あたり最大値に着目し，これを**通信路容量**と呼びます．

$$C \;=\; \frac{\text{平均相互情報量の最大値}}{\text{平均時間}} \;=\; \frac{\text{Max}\ I(A;B)}{\bar{T}} \quad \text{〔bps〕} \qquad (12.2)$$

雑音がない通信路においては，送信信号の情報が失われることはないので，$H(A|B)$（あいまい度）は 0 です．したがって，平均相互情報量は，$I(A;B) = H(A)$ となり，送信側のエントロピーに一致します．このような通信路の容量は

$$C \;=\; \frac{\text{Max}\ I(A;B)}{\bar{T}} \;=\; \frac{\max\ H(A)}{\bar{T}} \;=\; \text{Max}\ R \qquad (12.3)$$

となります．すなわち，どんな情報源通信速度にも対応できることを示しています．通信路の帯域幅が狭くて情報源の速い変化に追随できない場合は，多値変調を使って追随できるような通信速度まで下げればよいわけです．

雑音がある通信路では $H(A|B)$ はゼロにならないので，$I(A;B) < H(A)$ となり，通信路容量は情報源通信速度に対応できない場合が生じます．また，帯域幅が狭いとき多値化しようとすると，雑音の影響はもっと大きくなりますから，通信路の帯域幅も通信容量に影響を与えることになります．

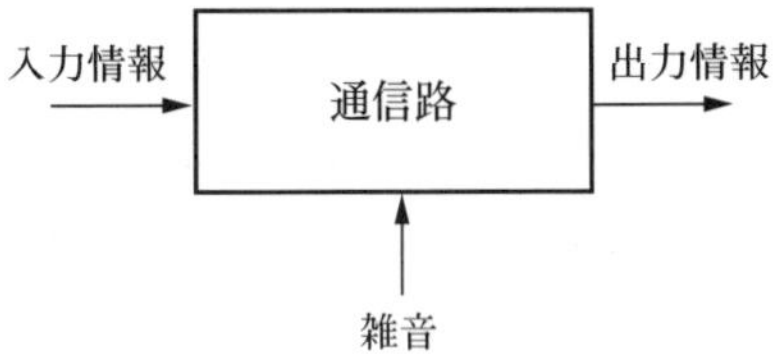

図 **12.1**　通信路のブロック図

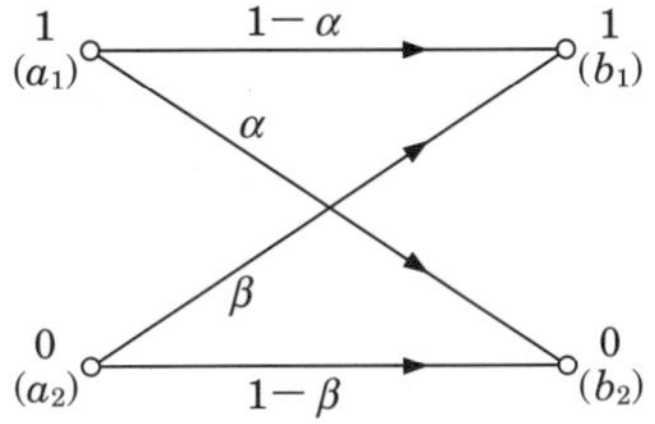

図 **12.2**　2 元通信路

参考 ◇　**2 元通話路**

送信符号 a_1, a_2 を 1, 0，受信符号 b_1, b_2 を 1, 0 とし，雑音により送信符号 1 が 0 として受信される確率を α，0 が 1 として受信される確率が β であるとき，この通信路を 2 **元通話路図** と呼び，図 12.2 のように表します．

◇　第 10 章の例題 10.4 にもこの図を適用してみてください．

§ 例題 12.3§　送信符号が 1〔bps〕で送出されるとき，雑音のない 2 元通信路の通信容量を求めなさい．

† 解答 †

$a_1 = 1$ の発生確率を p とすると，$a_2 = 0$ の発生確率は $1-p$ になります．したがって，送信符号の平均情報量は次のように表されます．

$$H(A) \quad = \quad -p\log_2 p - (1-p)\log_2(1-p)$$

この最大値を求めるため，上式を微分して 0 とおくと，

$$\frac{dH(A)}{dp} \quad = \quad -\log_2 p - \frac{1}{\log_e 2} + \log_2(1-p) + -\frac{1}{\log_e 2} \quad = \quad 0$$

$$\log_2 \frac{1-p}{p} \quad = \quad 0 \quad \rightarrow \quad \frac{1-p}{p} \quad = \quad 1 \quad \rightarrow \quad p \quad = \quad \frac{1}{2}$$

通信容量はこのときの $H(A)/T$ で，$T = 1$ ですから，

$$C \quad = \quad \frac{\text{Max } H(A)}{T} \quad = \quad \frac{1}{2} + \frac{1}{2} \quad = \quad 1 \quad \text{〔bps〕}$$

◇　この問題における平均情報量は，第 10.2 節にでてきた式 (10.5) と同じものです．この値を p に対して図示すると図 10.2 のようになります．

12.3 帯域制限された白色ガウス通信路

通信路といっても多種多様ですが，最も実際に近く重要なものとして，ある帯域幅をもつ通信路に白色ガウス雑音が加わる場合があります．本節ではこの通信路容量を求めてみます．すべての過程を示すことは本書のレベルでは不可能ですが，重要な事項をピックアップしていくと次のようになります．

(1) 電力が一定な量のエントロピーを最大にする分布

2 乗平均値（電力）P が一定として与えられているとき，エントロピーを最大にする分布は正規分布で，確率密度関数は式 (12.4) で表され，そのエントロピーは式 (12.5) のようになることが導かれます．

$$f(x) = \frac{1}{\sqrt{2\pi P}} e^{-x^2/2P} \tag{12.4}$$

$$H(x) = \log_2 \sqrt{2\pi eP} \tag{12.5}$$

(2) 雑音および雑音を伴った信号のエントロピー

前項から，正規分布をする雑音の電力を N とすると，そのエントロピーは $H(noise) = \log_2 \sqrt{2\pi eN}$ になります．出力は信号 S と雑音が加わったものですから，$H(signal + noise) = \log_2 \sqrt{2\pi e(S+N)}$ になります．

(3) 通信容量

1 個の標本値について，単位時間当たりの相互情報量の最大値 $I(A;B)$ と考え，これに本節の条件を適用すると式 (12.6) のようになります．

$$C = \frac{1}{T} \log_2 \sqrt{\frac{S+N}{N}} \tag{12.6}$$

(4) 帯域幅を考慮した通信容量

通信路の帯域幅を W〔Hz〕とし，出力を T〔s〕間サンプルしたとすると，出力は $2WT$ 個の標本値で表されます．式 (12.6) が 1 サンプルに対応するものですから，全体の容量は式 (12.7) のように表されます．

$$C = \frac{2WT}{T} \log_2 \sqrt{\frac{S+N}{N}} = W \log_2 \left(1 + \frac{S}{N}\right) \tag{12.7}$$

参考 ◇　**前頁の補足説明**

(1) 通話路の状況として，信号あるいは雑音の電力値はある一定値として与えられると考えられます．

エントロピーは情報源の不規則さを示す量です．2 乗平均値が制限されている情報源の中で最も不規則なのは正規分布であることはある程度常識ですが，これが理論的にも導かれることを示しています．

(2) 信号も正規分布をしているということ，および通信路が線形で，かつ信号と雑音には相関がないということが前提になっています．

(3) 本節で考えている通信路はアナログ量の通信路で情報は連続的に送信されています．このような連続通信路の通信容量をディジタル通信路の拡張と考えて式 (12.8) のように定義します．

$$C = \frac{1}{T}\mathrm{Max}\ I(A;B) = \frac{1}{T}\mathrm{Max}\ \{H(B) - H(B|A)\} \quad (12.8)$$

これから $C = (1/T)\mathrm{Max}\ \{H(signal + noise) - H(noise)\}$ が導かれます．

アナログ通信路の通信容量は帯域幅 1〔Hz〕当たりのものと考えられます．

(4) 式 (12.7) は本節のような条件下でどのような通信速度が可能かの上限を示すもので，大変示唆に富んでいます．前節で述べたように，$N = 0$ の場合は $C = \infty$ となること，また，C は帯域幅に比例することもわかります．

また，本式で C/W を求めると，S/N 比に対する周波数利用効率〔bit/s/Hz〕が計算できます．いろいろな変調方式に対して周波数利用効率を求めると，方式による効率の優劣を比較することができます．QAM はこの値が比較的高い方式ですが，限界値にはまだまだ及びません．

§ 例題 12.4§　周波数帯域幅が 1.0〔MHz〕，S/N 比が 30〔dB〕の線路の通信路容量を求めなさい．

† 解答 †

S/N〔dB〕$= 30$ ということは S/N〔倍〕$= 10^3$．

$$C = W\log_2\left(1 + \frac{S}{N}\right) \cong W\log_{10}\frac{S}{N} \times \frac{1}{\log_{10} 2} \cong 9.97\,\text{〔Mbps〕}$$

12.4　シャノンの定理

これまでの説明から推測されるとおり，情報源通信速度と通信路容量の間に整合が取れていないと情報はうまく流れません．これは例えば，高速道路にその容量以上の自動車が乗り入れたときスムースに流れないのと同じです．これらの関係を示すものにシャノンの 2 つの定理があります．

シャノンの第 1 定理

情報源のエントロピーを H，通信路容量を C とすると，

(1) この情報源からは，単位時間あたり C/H 個より多くの通報数は送れない．
(2) C/H 個以下で送る符号化の方法は常に存在する．

(1) の証明は簡単です．$R=$ 情報量/単位時間，$H=$ 情報量/通報数 ですから，$R/H=$ 通報数/単位時間 になります．一方，式 (12.3) から $R \leq C$ ですから $R/H \leq C/H$．すなわち，通報数/単位時間は C/H を超えることはできません．(2) の証明は本書では省略します．

◇ この定理は誤りのない系に限っています．

◇ この定理は情報源符号化の高効率化の目標を示したものといえます．

シャノンの第 2 定理

情報を情報源通信速度 R〔bps〕で送出し，誤りのある通信路容量 C〔bps〕の離散的通信路を通したとき，

(1) $R \leq C$ であれば，誤りの確率をいくらでも 0 に近づける符号化法が存在する．
(2) $R > C$ であれば，そのような符号化はできないが，あいまい度（$H(A|B)$〔bps]）をいくらでも $R-C$ に近づけることができる．

証明は省略しますが，この定理の意味するところを図示すると図 12.3 のようになります．すなわち，$R \leq C$ であいまい度は 0 にできるが，$R > C$ ではあいまい度の下限は $R-C$ になることが読み取れます．あいまい度は R より大きくはなりませんから，実現可能な領域は図の陰影部分になります．

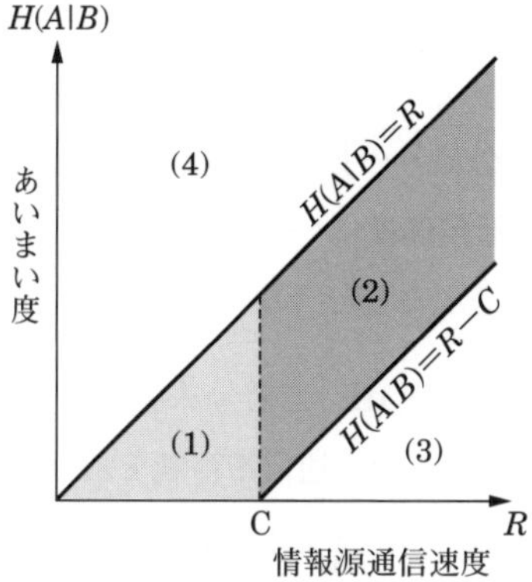

(1) $R \leq C,\ H(A|B) \leq R$ の領域
あいまい度を 0 にできる

(2) $R \geq C,\ R-C \leq H(A|B) \leq R$
あいまい度を $R-C$ にできる

(3) $R \geq C,\ H(A|B) \leq R-C$
改善はできない

(4) $H(A|B) \geq R$：　無意味領域

図 **12.3**　シャノンの第 2 定理説明図

参考 ◇　**C. E. Shannon**

シャノンの第 1，第 2 定理は C. E. Shannon によって，1948 年に発表されました．掲載されたのは The Bell System Technical Journal という学術雑誌で，表題は “A Mathematical Theory of Communication” です．この論文のインパクトは大変なもので，情報通信分野の進歩に極めて大きな貢献をしました．表題は通信理論ですが，日本では情報理論として紹介され，多くの関連著書が発刊されています．内容的にはまさに情報通信理論だと思います．

§ 例題 12.5§　容量が 1〔bps〕の通信路がを通して，0, 1, 2, ⋯, 9 の数字を送るとします． BCD コード を用いて符号化した場合 1 数字当たりの単位時間内通報数はいくらですか？　この数字は符号化法を変えることにより理論上どこまで大きくできますか？

† 解答 †

BCD (Binary Coded Decimal) コードは 4〔bit/数字〕で数字を符号化しています．1〔s〕あたり送れる通報数は 0.25〔数字/s〕になります．

シャノンの第 1 定理により，理論的には C/H〔数字/s〕までは可能です．10 個の数字の情報量は $H = \log_2 10 \cong 3.32$〔bit〕ですから，$C/H \cong 0.301$〔数字/s〕まで上げることが可能です．

章末問題 12

1 幅 0.5〔ns〕, 休止期間 0.5〔ns〕のパルス列の情報源通信速度はいくらですか？

2 最高周波数成分が 4.0〔MHz〕のアナログ信号の振幅を $Q = 256$ 段階に分けてディジタル化して伝送すると情報源通信速度はいくらになりますか？ また，この信号を 256QAM を用いて伝送するとどうなりますか？

3 周波数帯域幅が 0 ～ 4〔MHz〕, 増幅度 23〔dB〕, 信号入力電力が 10.0〔mW〕の増幅器の雑音出力が 1.0〔mW〕でした．通信路容量を求めなさい．

4 帯域幅 10〔kHz〕の白色ガウス通信路を使って 10〔kbps〕の通信路容量を得るには S/N 比はいくら必要ですか？

5 容量が 1〔bps〕の通信路がを通して，アルファベット 26 文字を，どの文字も同じビット数で 2 進化した場合， 1 文字当たりの単位時間内通報数はいくらですか？ この数字は理論上いくらまで大きくできますか？

† ヒント †

1 このパルス列は図 6.2 において $\tau = 0.5$〔ns〕, $T = 1.0$〔ns〕です．

◇ コンピュータのクロック波形はこのようなパルス列がなまった波形になっています．

2 例題 12.2 は音声または音楽を対象としたものですが，これは画像を対象としたものです．

3 信号出力を求め，式 (12.7) を適用します．

4 意外に低い S/N でよいことになります．

5 例題 12.5 参照

13 符号の効率化

情報源から出てくる通報は文字であったり，連続情報であったりさまざまです．これを通信路に乗せるために別の記号系列に変換することを**符号化**といいます．情報通信において一般に用いられるのは 1 と 0 からなるディジタル系列です．

前章で，情報源通信速度は通信路容量と整合が取れていなければならないことがわかりました．情報源として考えれば，できるだけ符号の効率化をはかり，通信路容量の小さい通信路でも伝送できるように心がけなければなりません．

このような立場に立った符号化を**情報源符号化**といい，雑音のない通信路における離散的情報源の最適化を目指すことになります．これがひいては帯域幅の圧縮につながることになります．

本章では，情報源符号化を効率よく行うに当たっての考え方と，実際に用いられている方法のごく概略を紹介することにします．

(1)　効率化の条件

(2)　効率化の方法

(3)　音声の符号化

(4)　画像の符号化

情報源符号化の基本的な考え方は冗長度をできるだけ減らし，平均符号語長の短い符号系を作成することにありますが，その他にも留意すべき点があります．(1) では簡単な例によってこれを説明します．(2) ではこの考え方に沿った符号化のいくつかを紹介します．(3) では，音声の符号化にあたって用いられている符号化の方法と，これにより音声が数〔kbps〕に圧縮されることを述べます．(4) では画像の符号化と帯域圧縮の状況について簡単に紹介します．

13.1 効率化の条件

情報源から出てくる通報を $A(a_1, a_2, \cdots, a_n)$ とし，a_i を 1, 0 からできた $\boldsymbol{x_i} = x_{i1}, x_{i2}, \cdots, x_{in}$ という**符号語**に対応させることを符号化といいます．符号化に当たって必要な条件として次のような事項があげられます．

(1) 一意解読可能である．さらに，瞬時解読可能であることが望ましい．

(2) 平均符号語長ができるだけ短い．

(3) 装置や処理があまり複雑にならない．

この符号語系列を用いて元の通報が完全に復元可能であるとき，この符号を**一意解読可能符号**，符号語を受信し終わった瞬間に語の終わりであることを検知し，複合が可能なものを**瞬時解読可能符号**といいます．

符号語の全体の集合 $\boldsymbol{c} = \boldsymbol{x}_1,\ \boldsymbol{x}_2, \cdots, \boldsymbol{x}_n$ を**符号系**または単に**符号**と呼びます．

例えば，表 13.1 のような符号を用いて，ABCD という通報を送ったとすると次のような送信パタンになります．

符号 I	00011011
符号 II	010110
符号 III	0010110111
符号 IV	0101101110

符号 I は一意解読可能，瞬時符号です．また，符号語の長さ（1, 0 の数）が等しいので**等長符号**でもあります．符号 II はどこが通報の境界かわからないので一意解読不可能です．符号 III は 0 で始まっているので一意解読可能ですが，次の 0 が来るまでは符号語の終わりがわからないので瞬時解読不可能です．符号 IV は一意解読可能，瞬時解読可能符号になります．

また，各通報の生起確率を $P(a_1),\ P(a_2), \cdots,\ P(a_n)$，符号語の長さを L_i とすると，**平均符号語長** $\bar{L}$ は次式で求められます．

$$\bar{L} = \sum_{i=1}^{n} P(a_i) L_i \tag{13.1}$$

表 13.1　情報源符号化の例

通報	確率	符号 I	符号 II	符号 III	符号 IV
A	0.5	00	0	0	0
B	0.25	01	1	01	10
C	0.125	10	01	011	110
D	0.125	11	10	0111	111

§例題 13.1§　表 13.1 に示す情報源の 1 記号当たりのエントロピーを求めなさい．次に，4 種類の符号の平均符号語長を求めエントロピーと比較しなさい．

†解答†

エントロピーは式 (10.4) から，次のように求められます．

$$H = -\frac{1}{2}\log_2\frac{1}{2} - \frac{1}{4}\log_2\frac{1}{4} - \frac{2}{8}\log_2\frac{1}{8} = 1.75\,〔\text{bit/記号}〕$$

平均符号語長〔bit/記号〕は式 (13.1) を用いて次のように計算されます．

符号 I　$\bar{L} = 2$

符号 II　$\bar{L} = 0.5 + 0.25 + 0.125 \times 2 = 1$

符号 III　$\bar{L} = 0.5 + 0.25 \times 2 + 0.125 \times 3 + 0.125 \times 4 = 1.875$

符号 IV　$\bar{L} = 0.5 + 0.25 \times 2 + 0.125 \times 4 \times 2 = 1.75$

符号 II は正しい符号化といえないので除外します．符号 IV は情報源エントロピーと等しく，最大情報源通信速度を得ることができます．これは，符号化の方法が適切であったことを意味します．符号 III および I はこれよりやや劣りますが，それほど大きい差であるとはいえません．

参考◇　**能率と冗長度**

1 記号当たりのエントロピーを H〔bit/記号〕と平均符号語長 $\bar{L}$〔bit/記号〕の比 $e = H/\bar{L}$ を**符号化の能率**，$1 - e$ を**符号化の冗長度**と呼びます．

13.2　効率化の方法

符号化の能率を高めるにはどうすればよいでしょうか？　まず考えられるのは発生確率の大きい通報には短い符号語を，低い通報には長い符号語を割り当てる方法です．モールス符号はこの典型的な例です．

これを系統的に行う方法として**ハフマンの符号化**法があります．その手順は，

(1) 情報源の通報を確率の大きい順に並べる．

(2) 最も確率の小さい 2 組の通報に 0 と 1 を与える．

(3) その 2 通報の確率を加えて 1 組とし，改めて他の通報とともに確率の大きい順に並べて，最も確率の小さい 2 組の通報に 0 と 1 を与える．

(4) この手順を繰り返す．

この方法は最短符号を与えることが証明されています．前節に示した例（例題 13.1）において符号 IV が一意解読可能，瞬時解読可能の最短符号になっていました．例題 13.2 に示すように，ハフマンの符号化法によっても同じ結果に到達します．もし，A に 111 を与え，D に 0 を与えたりすると平均符号語長はずっと長くなってしまいます．

現在では取り扱う情報がマルチメディア化し，画像などでは非常に多くの通報を取り扱うようになりました．したがって，数字や文字の符号化は能率よりもむしろ取り扱いに重点が置かれ，ビット数の等しい等長符号が用いられています．例えばコンピュータのキーボードから入力される数字，アルファベット，記号，制御文字などは 1〔byte〕（= 8〔bit〕）で表されています．

同じ通報が連続するとき，その長さを符号化する**ランレングス符号化**法があり，これをさらにハフマン符号化したものは FAX 通信に用いられています．

情報源通報を 1 つずつ符号化するよりは，一定個数をまとめてこれに符号を与える方がさらに効率を上げることができる場合があります．これを**ブロック符号化**といいます．ブロックに対しハフマン符号化を行う場合はハフマンブロック符号化になります．また，ブロック全体の持つ特性を符号化するなどの高度な応用も行われています．

参考 ◇　モールス符号

今は殆ど用いられませんが，通信の初期に広く用いられた通信方法にモールス符号による電信があります．これは俗にいう“トン”と“ツー”にスペースを加えて符号語を構成しています．英語において，アルファベットと出現確率を調べてみると，一番高いのが e で t がこれに次いでおり，一番低いのが z になっています．モールス符号では e に“トン”，t に“ツー”という短い符号語を与え，z には“ツーツートントン”という長い符号語を割り当てています．

§例題 13.2§　表 13.1 の出現確率を持つ通報をハフマン符号化しなさい．

†解答†

(1) 確率の大きい順に並べると，$P(A) = 0.5$，$P(B) = 0.25$，$P(C) = 0.125$，$P(D) = 0.125$ となるので，C に 0，D に 1 を与えます．

(2) $P(C) + P(D)$ を残りの文字の確率順に並べると，$P(A) = 0.5$，$P(B) = 0.25$，$P(C) + P(D) = 0.25$ となるので，B に 0，C+D に 1 を与えます．

(3) $P(B) + P(C) + P(D)$ を残った P(A) と並べると，$P(A) = 0.5$，$P(B) + P(C) + P(D) = 0.5$ となるので，A に 0，B+C+D に 1 を与えます．

(4) これを通算すると，A = 0，B = 10，C = 110，D = 111 となります．

§例題 13.3§　A と B の 2 つの文字があり，それぞれの発生確率が 0.9 と 0.1 です．この文字列を 2 文字ずつまとめたブロックをハフマン符号化すると，1 文字ずつ符号化した場合に比べて能率はどれだけ上がりますか？

†解答†

(1) 1 文字ずつ符号化では A=0, B=1 で平均符号語長は 1〔bit/文字〕です．

(2) 2 文字ずつまとめて AA, AB, BA, BB とすると，それぞれの発生確率は 0.81, 0.09, 0.09, 0.01 になります．

(3) これに対してハフマン符号化すると，AA → 0，AB → 10，BA → 110，BB → 111 となり，この平均符号語長は $\bar{L} = 0.81 \times 1 + 0.09 \times 2 + 0.09 \times 3 + 0.01 \times 3 = 1.29$〔bit/ブロック〕になります．

(4) 1 文字あたり平均符号語長は $1.29/2 = 0.645$〔bit/文字〕となり，1 文字ずつ符号化する場合に比べて約 35〔%〕の能率向上ができます．

13.3　音声の符号化

連続信号をディジタル化する基本的な方法は，パルス符号変調 (PCM) です．しかし，第 6.4 節に述べたように，音声を単に PCM したのでは，64〔kbps〕になってしまいますから，帯域圧縮が必要になります．

その考え方は音声の特性を見極め，冗長な部分を削減して符号化の能率を上げることにあります．「あ」の時間波形および周波数成分を示した図 6.3 をもう一度見ていただくと，いろいろな冗長度削減方法が考えられると思います．現実に次のような方式が実用されています．

(1) 波形の相関を利用

PCM の隣接した標本値はある相関を持っていますから，標本値を一つずつ符号化するよりは，1 つ前の標本値との差をとる方が少ないビット数で符号化できます．この方式を **ΔPCM** といいます．また，過去の波形から次にくる標本値を予測することができます．予測を加えた方式に **ADPCM**(Adaptive Differential PCM) があり，PHS に使われています．

(2) 周波数スペクトルの偏りを利用

一般に通信に用いる音声帯域は $0.3 \sim 3.4$〔kHz〕に制限していますが，個々の音は周波数特性を持っています．音声帯域を分割し，エネルギーの大きい部分のみを符号化することにより能率化をはかることができます．

(3) ベクトル量子化

複数のサンプルをブロック化し，ブロック内の標本値ないしはブロックの特長を表す量をベクトル量として表します．これを符号化する方式を**ベクトル量子化**といい，いろいろな形で応用されています．

(4) 分析合成法

多数の符号化音声を作成し，その中から最適な候補を選択する方法をいいます．現在の先端技術はブロック化と分析合成法の複合方式といえます．AT&T が開発した **CELP**(Coded Excited Linear Prediction)，NTT の **TwinVQ**(Transform domain Weighted INterleave Vector Quantization) 等はこの範疇に属します．

参考 ◇ **CELP と TwinVQ**

CELP は 1984 年に AT&T が開発した方式で，演算量は多いが品質が良いため，4 ～ 16〔kbps〕の低・中速音声符号化の主流になっています.

この方式のブロック図を図 13.4 に示します．適応符号帳は過去の信号からピッチ周期（声の高さに相当）に適応する信号，雑音符号帳は新たな入力に対応するランダムパルス列を多数準備しています．それぞれの候補の出力を足し合わせて合成音声を作ります．これを入力音声と比較し，2 乗誤差が最小になるような最適候補を選択します．日本語では符号励振線形予測と呼ばれます.

CELP を元にして，米国や日本でも標準に採用された VSELP 等色々な応用形態が出現しました．また，CELP は時間領域におけるベクトル量子化＋分析合成法といえますが，TwinVQ は周波数領域における CELP の応用です.

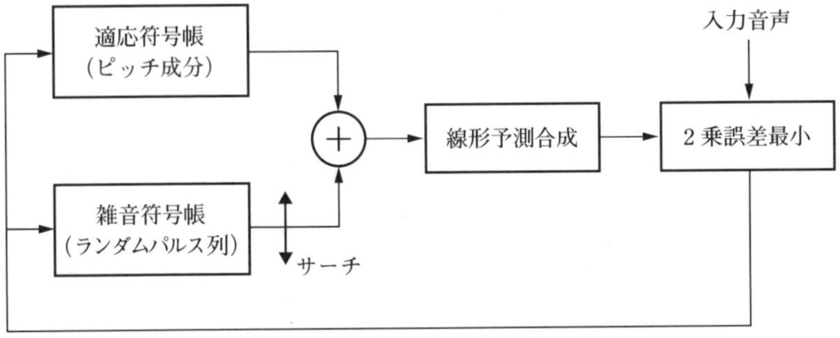

図 13.1　CELP のブロック図

参考 ◇ **移動通信における音声符号化**

移動通信は，周波数有効利用のために，音声の高能率符号化が最も必要な分野ですが，これだけでは不十分です．会話の自然さを損なわないためには符号化遅延が少ないことも重要です．また，無線搬送波のレベル変動（フェーディング）が避けられず，特に都市内伝搬では大きくなりますが，これに対しては次章に述べるような誤り対策も必要です．これらの膨大な計算を処理するには高性能のディジタル信号処理プロセッサ (DSP) が不可欠になります.

13.4　画像の符号化

第 6.2 節に述べたとおり，画像信号の帯域幅は一般に音声よりずっと広く，TV 信号は電話音声の 1,000〔倍〕になっています．したがって，これを普通に PCM したのでは膨大なビットレートを必要としますので，符号の能率化は音声以上に必要になります．能率化の基本的な方法は音声の場合と同じですが，ここでは，TV 画像の符号化に用いられる方法の概略を説明します．

TV の 1 画面をフレーム，フレームを細かく格子上に区切った交点を画素といいます．時間的にも空間的にも隣接する画素での輝度値は相関が高くなっています．これを利用して次に来る画素の予測を行い，予測からの誤差だけを**予測符号化**します．前節に述べた "波形の相関を利用" した符号化といえます．

同一フレーム内での相関を考慮する方法を**フレーム内符号化**，フレーム間にわたって考慮する場合を**フレーム間符号化**といいます．後者は動き補償を行う場合に不可欠で，MPEG により標準方式が定めれています．

周波数スペクトルの偏りを利用したものに**変換符号化**があります．画像の時間波形を周波数成分に変換すると，一般にその特長は低周波成分に集中するという性質があります．変換の方法としては，フーリエ変換を 2 次元に拡張した変換方式がいろいろ提案され実用されています．また，帯域を分割し，各帯域に適当な符号化ビットを与える**帯域分割符号化**もあります．

ベクトル量子化も色々な形で用いられていますが，基本的には次のような考え方に立っています．画像を複数のブロックに分割し，ブロック内の画素数を k〔個〕すると，各ブロックは k 個の輝度値を持ちますから，その組み合わせは k 次元のベクトルで表されると考えます．各ブロックの輝度ベクトルを k 次元ベクトル空間内に表し，距離的に近いベクトルはまとめて 1 つのベクトルで代表し，符号化をこの代表ベクトルについてだけ行うことによりビット数の削減ができます．

k 次元ベクトルというのは $k \geq 4$ の場合，イメージすることが困難です．ここでは簡単のため，第 2 章で学習した空間ベクトルを用いて，$k = 3$ とした場合の概念図を図 13.2 に示します．

参考 ◇　**TV 画面と画素**

ディジタル TV 方式では**アスペクト比**（縦横費）が 16:9 で，画素数については精細度によって次のようなものが標準になっています．

縦方向	横方向	全体	用途
1,080	1,920	約 200 万	高精細 (HDTV)
720	1,280	約 90 万	準高精細
480	720	約 35 万	標準（従来並）

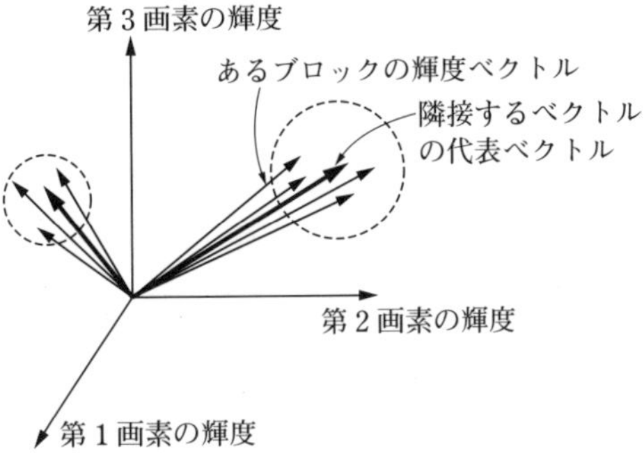

図 **13.2**　$k = 3$ におけるベクトル量子化

参考 ◇　**MPEG**

MPEG は Moving Picture Experts Group の略で，1988 年に生まれた動画像の圧縮に関する国際標準化活動を行なうグループの名称ですが．標準方式そのものの名称としても使われています．

MPEG-1 は 1〔Mbps〕程度の符号化方式で，360×240 画素程度の画像を CD-ROM に納めるという想定になっています．MPEG-2 は，放送・通信・蓄積の広い範囲のメディアにわたって使用できる動画像符号化方式で，5 ～ 10〔Mbps〕でかなり高品質な符号化が可能になります．MPEG-4 は 64〔kbps〕以下の低ビットレートで無線による画像通信，映像中のオブジェクト（含音声）別の符号化等を規格化しています．また，MPEG-7 はさまざまな種類のマルチメディアコンテンツを高速検索するための記述形式を標準化しています．

章末問題 13

1 通報 $a_1 \sim a_5$ の生起確率がそれぞれ 0.28, 0.05, 0.20, 0.31, 0.16 であるとき，この通報をハフマン符号化しなさい．

2 問題 1 の平均符号長を求め，通報のエントロピーと比較しなさい．

3 例題 13.3 において，A, B の発生確率がそれぞれ 0.8 と 0.2 であったとすると，能率の向上率はいくらになりますか？

4 音声を 8〔kHz〕サンプリングし，PCM 化する場合 256 段階に量子化が必要でした．これを ADPCM 化したところ，16 段階の量子化ですみました．送出速度はそれぞれいくらになりますか？

5 画素数が 480×720 の TV 画像を伝送するとき，次の場合の送出速度を求めなさい．

(1) 256 段階の量子化を行って PCM 化する．

(2) 3×3 画素ごとにブロック化し，そのブロックの輝度パタンを，1,000 パタンあるベクトルの中から選び，その番号だけを送る．

† ヒント †

1 例題 13.2 にならって符号化すると次のようになります．

通報	a_1	a_2	a_3	a_4	a_5
符号語	10	010	00	11	011

2 $\bar{L} \cong 2.21$．エントロピーよりわずかに大きい値になります．

3 両者の生起確率が似通ってくるほどメリットは少なくなります．

4 256 段階，16 段階はそれぞれ何〔bit〕ですか？

5 PCM とベクトル量子化

(1) PCM では 画素数 $\times \log_2 256 \times 30$〔bps〕

(2) PCM では 9 画素分は 72〔bit〕．ベクトル量子化における 1,000 種類の通報は何〔bit〕で表せますか？

14 符号の高信頼化

前章で学んだ符号の効率化は雑音のない，すなわち誤りを意識しなくてすむ場合の符号化法でした．しかしながら，実際の通信路には雑音があって，程度の差はあるにしてもこの影響を無視することはできません．何百万〔bit〕の情報のうち，1 つの誤りが致命傷になることもあります．このためには符号の高信頼化を図らなければなりません．

ハードウェアの高信頼化の手法の 1 つとして，まったく同じ部品・回路ないし機器を 2 つ用意して，パラレルないしは切替運転する二重系があります．通信で考えると同じ符号ないしは符号列を 2 回送る方式です．また，受信側で誤りを発見したとき再送を要求する方法もあります．要は冗長度を付加して信頼度を上げていることになり，残念ながら能率化とは裏腹な関係になります．

本章では，次の事項について説明します．実用システムではいろいろ複雑な符号化が行われていますが，本章で述べる事項が基本になっていますからしっかり学習してください．

(1)　論理演算

(2)　ハミング距離

(3)　パリティチェック符号

(4)　巡回符号

本章で述べる符号を理解するには論理演算の知識が必要になります．(1) ではこの基礎的な事項について説明します．(2) で述べるハミング距離は 2 元符号 A と B があった場合，その類似度(ないしは相違度)を示す指標で，どの程度誤り検出・訂正が可能かを判定する尺度になります．(3) では通信路のみならず，計算機内でも使われているパリティチェック符号について説明します．(4) では，これも実際によく用いられる巡回符号について述べます．

14.1　論理演算

第 9 章で集合の演算を述べましたが，1 か 0 かの命題には**論理演算**を用います．1，0 からなる論理変数 x と y の演算は次の 3 つが基本になります．

OR：　**論理和**といい，$x \vee y$，$x + y$ 等と表します．両方とも 0 のときだけ演算結果は 0，そのほかは 1 になります．

AND：　**論理積**といい，$x \wedge y$，$x \cdot y$ 等と表します．x，y が単項（0 または 1）の場合は，両方とも 1 のときだけ演算結果は 1，そのほかは 0 になります．

NOT：　**否定** $\overline{x}$ と表します．変数が 0 の場合は 1，1 の場合は 0 になります．

◇　OR 回路は並列接続，AND 回路は直列接続に対応します（図 14.1）．

◇　OR, AND, NOT 回路は図 14.2 のように表します．

このほかによく用いられる演算として，**NAND**（**否定的論理積**），**NOR**（**否定的論理和**），**EOR**（**排他的論理和**）等があります．これらは，上記 3 つの基本演算を用いて表すことができます．これらの演算を表 14.1 に示します．

表 14.1　2 変数 2 値論理演算一覧表

x	0	0	1	1	演算の名称	
y	0	1	0	1	記号	日本語
$x \vee y$	0	1	1	1	OR	論理和
$x \wedge y$	0	0	0	1	AND	論理積
$\overline{x}$	1	1	0	0	NOT	否定
$x \mid y$	1	1	1	0	NAND	否定的論理積
$x \downarrow y$	1	0	0	0	NOR	否定的論理和
$x \oplus y$	0	1	1	0	EOR	排他的論理和

modulo 2 演算：　0 と 1 に対し，2 を法とする加法 $(0+1 = 1,\ 0+0 = 1+1 = 0)$ と乗法 $(0 \times 0 = 0 \times 1 = 0,\ 1 \times 1 = 1)$ を有する演算を modulo 2 演算といいます．modulo 2 の加算は排他的論理和になっています．

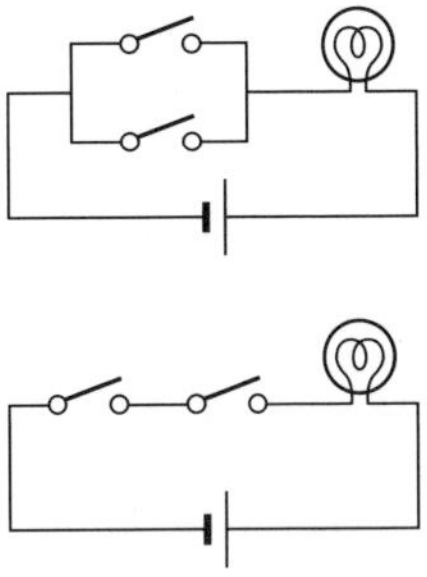

図 **14.1**　OR 回路と AND 回路

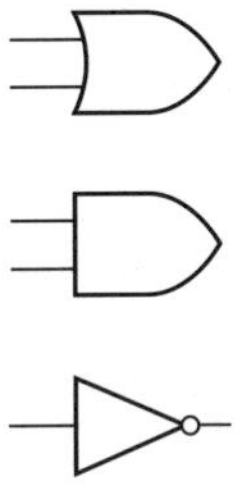

図 **14.2**　基本論理回路表示

参考 ◇　符号語の多項式表示

符号長 n の符号語 $A\ (a_{n-1}, a_{n-2}, \cdots, a_1, a_0)$ を次のように $(n-1)$ 次元の多項式で表すことができます．これを A の**多項式表示**といい，演算を行う上で便利なので，よく用いられます．

$$A(x) \;=\; a_{n-1}x^{n-1} + a_{n-2}x^{n-2} + \cdots + a_1 x + a_0 \tag{14.1}$$

§ 例題 14.1§　$A\ (1,0,1)$ および $B(1,1,1)$ を多項式表示し，modulo 2 演算を用いて $A(x)$ と $B(x)$ の乗算を行いなさい．

† 解答 †

多項式表現すると $A(x) = x^2 + 1$，$B(x) = x^2 + x + 1$．乗算は下の左欄のように行なうことができます．x をいちいち表示するのはわずらわしいので，右側のように係数だけで表示することもできます．

			$+x^2$		$+1$
$\times$			$+x^2$	$+x$	$+1$
			$+x^2$		$+1$
		$+x^3$		$+x$	
	$+x^4$		$+x^2$		
	$+x^4$	$+x^3$		$+x$	$+1$

			1		1
$\times$			1	1	1
			1		1
		1		1	
	1		1		
	1	1		1	1

14.2 ハミング距離

2 元符号における誤りはビットの反転によって生じます．したがって，似通った符号語を使っていると，1〔bit〕の誤りで別の符号語になってしまいますが，あまり似通っていない符号語を採用すると抵抗力を強めることができます．

ハミング距離は符号間の“類似性”を測る尺度で，各対応する符号の差の 2 乗和を示すものです．長さ n の 2 元符号語 $A = a_1, a_2 \cdots a_n$, $B = b_1, b_2 \cdots b_n$ がある場合，両者のハミング距離は次のように表されます．

$$d(A,B) = \sum_{i=1}^{n}(a_i - b_i)^2 \tag{14.2}$$

具体的な例として長さ 3 の 2 元符号を考えてみます．符号語 $A(a_1, a_2, a_3)$ を 3 次元空間の直角座標 (x, y, z) 上に表すと，各符号語は図 14.3 のように立方体の頂点に対応します．

例えば，符号語 000 と 100 のハミング距離は 1 で，立方体で見るとこれらの点間の辺は 1 つです．000 と 111 間のハミング距離は 3 で，立方体で 000 から 111 へ行くには 3 つの辺を通らなければなりません．このように，ハミング距離は符号間の最小の辺の数になっています．

いま，距離が 1 だけ離れた符号語を使ったとすると，どれか 1〔bit〕に誤りが起きると別の符号語に変化してしまい，誤りが起きたことがわかりません．そこで，図 14.3 に ⊙ をつけた，ハミング距離が 2 の符号語を選択して通信すると，誤りが 1 つの場合は，距離が 1 または 3 になるので検出ができます．

例えば，000 110 101 011 という符号を送ったとき，000 010 101 011 と受信されたすると，1 番目と 2 番目，2 番目と 3 番目 の語間のハミング距離は 1 になっており，2 番目の語に誤りがあったことが検出できます．

さらに，ハミング距離が 3 違う 000 と 111 の 2 個の符号を使うと，1 個の誤りなら検出だけでなく，訂正もできます．一般的にいうと，ハミング距離が $2r$ あると，$2r-1$ 個までの誤り検出と $r-1$ 個までの誤り訂正が，$2r+1$ あると，$2r$ 個までの誤り検出と r 個までの誤り訂正ができます．

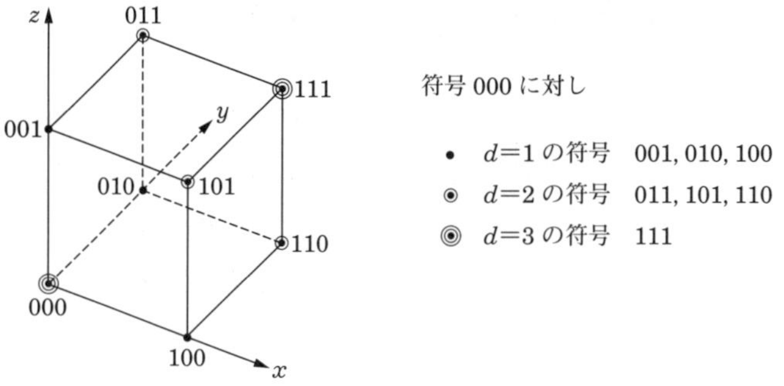

図 14.3　3 ビット符号の空間配置図とハミング距離

§ 例題 14.2§　次の 2 組の 2 元符号間のハミング距離を求めなさい．

$$(1)\ \begin{cases} 101100 \\ 101001 \end{cases} \qquad (2)\ \begin{cases} 101100 \\ 011010 \end{cases} \qquad (3)\ \begin{cases} 101100 \\ 011011 \end{cases}$$

† 解答 †

(1)　$d(A, B) = (a_4 - b_4)^2 + (a_6 - b_6)^2 = 1^2 + (-1)^2 = 2$

同様に (2) の距離は 4．　(3) の距離は 5

§ 例題 14.3§　符号 1001 とハミング距離が 2 である 2 元符号を列挙しなさい．

† 解答 †

距離が 2 ということは，記号の異なる個所が 2 個所あるということです．長さ 4 の符号において異なる 2 個所を選ぶ方法は ${}_4C_2 = 6$ 通りあります．1001 から 2 ビットを選んで 1 と 0 を入れ替えて行くと次の 6 つを得ます．

1010, 1100, 0000, 1111, 0011, 0101

§ 例題 14.4§　図 14.3 において，⊙ をつけた符号語で構成した符号の冗長度を求めなさい．ただし，各符号語の生起確率は等しいものとします．

† 解答 †

13.1 節に述べたように，冗長度は $1 - H/\bar{L}$ で求められます．この符号語は 4 個あり，生起確率が等しいので，$H = \log_2 4 = 2$〔bit/符号語〕，$\bar{L} = 3$ ですから，冗長度は $1 - 2/3 = 1/3$ となります．

◇　000 と 111 の 2 種類の符号語を用いた場合，冗長度は 2/3 になります．

14.3 パリティチェック符号

符号伝送の信頼度を高めるためには何がしかの冗長度が必要であることがわかりました．最も簡単で，一般的に用いられているのは，符号語に含まれる 1 の数が偶数（または奇数）となるようにもう 1 つのビットを付け加えて送る方法です．送りたい符号語を $a_1, a_2 \cdots a_k$，付け加えるビットを c で表すと，偶数になるようにするには c を式 (14.3) のように設定します．

$$c \;=\; a_1 \oplus a_2 \oplus \cdots \oplus a_k \tag{14.3}$$

$\oplus$ は本章の第 1 節で述べた排他的論理和で，一方だけが 1 のとき 1 に，両方が 0 または 1 のときは 0 になります．c を**パリティチェックビット**，c を含めた符号を**パリティチェック符号**といいます．

例として $k = 2$ の場合を考えてみましょう．情報符号語，パリティチェックビット，送出符号語は次のようになります．

情報符号語	パリティチェックビット	送出符号語
00	$0 \oplus 0 = 0$	000
01	$0 \oplus 1 = 1$	011
10	$1 \oplus 0 = 1$	101
11	$1 \oplus 1 = 0$	110

このようにして得たパリティチェック符号は，前節の図 14.3 で選んだ，ハミング距離が 2 の符号語群にほかなりません．したがって，1 ビットを付け加えたパリティチェック符号は 1 つの誤りを検出することができます．

これを拡張して，図 14.4 のように情報符号をいくつか縦に並べ，縦方向のビット列に対してもパリティチェックビットも付加した符号を作ることもあり，これを**水平垂直パリティチェック符号**と呼びます．この場合は 1 つの誤りが起きた場合，その行と列がわかりますから，誤ったビットを特定することができ，誤り訂正が可能になります．

a_{11}	a_{12}	$\cdots$	a_{1k}	c_1
a_{21}	a_{21}	$\cdots$	a_{2k}	c_2
$\cdots$	$\cdots$	$\cdots$	$\cdots$	$\cdots$
a_{l1}	a_{l1}	$\cdots$	a_{lk}	c_l
c'_1	c'_2	$\cdots$	c'_k	c''

左図において

$a_{11} \sim a_{lk}$ は情報ビット

$c_1 \sim c_l$ は行（垂直）チェックビット

$c'_1 \sim c'_k$ は列（水平）チェックビット

c'' はチェックビットのチェックビット

図 14.4　水平垂直パリティチェック符号

§例題 14.5§　数字 6249 を BCD コードで 2 進化し，水平垂直パリティチェック符号をつけなさい．

†解答†

図 14.3 にならって表を作ると次のようになります．

0	1	1	0	0
0	0	1	0	1
0	1	0	0	1
1	0	0	1	0
1	0	0	1	0

BCD において 6 ＝ 0110．

“1” が 2 個ありますから，$c_1 = 0$

2 ＝ 0010 ですから，$c_2 = 1$

以下同様にして c, c' を定めます

c'' は c に対しても，c' に対しても同じ

§例題 14.6§　ビット誤り率が 10^{-3} の通信路を通して 3 ビットの通報を送った場合，これに 2 ビットを付け加えて誤り訂正を行なった場合の誤り確率を求めなさい．ただし，各ビットの誤りは独立に起きるものとします．

†解答†

3 ビットが正確に送れる確率は $(1-10^{-3})^3$ ですから，通報の誤り確率は

$$P_e(3) = 1-(1-10^{-3})^3 \cong 0.00299700 \cong 0.300〔\%〕$$

5 ビットを送り，1 ビット誤りまで許容できる場合は，

$$P_e(5) = 1-\{(1-10^{-3})^5+5\times(1-10^{-3})^4\times 10^{-3}\}$$
$$\cong 0.000001 \cong 0.0001〔\%〕$$

となり，大幅に誤り率を改善できることがわかります．

14.4 巡回符号

パリティチェック符号と並んでよく用いられる符号として**巡回符号**があります．これは同じ形の符号系列がぐるぐると巡回する符号です．例として，0011101 という符号語を考えます．頭の 0 を最後尾に持っていき新しい符号語を作るというように巡回させると 7 個の符号語ができます．これにオール 0 を加えた 8 個の符号語は下表のようになり，3 ビットの通報に対応させることができます．

通報	符号語	通報	符号語
A_0	0000000	A_4	1101001
A_1	0011101	A_5	1010011
A_2	0111010	A_6	0100111
A_3	1110100	A_7	1001110

巡回符号は多くの利点を持っているので，いろいろな形で実用されています．符号の生成・復号はシフトレジスタという回路を用いて簡単にできます．上記の符号語を見るとハミング距離が 4 になっており，1 個の誤り訂正または 3 個の誤り検出が可能になります．また，符号語全体が特徴を持っているので，4 個以下の連続誤り（バースト誤り）を検出できます．

しかし，勝手に符号語を作って，ビットを巡回させても期待したハミング距離やバースト誤り検出効果が得られるとは限りません．符号語 A の長さを n とし，この内，$x^{n-1}-1$ の因数になっている k 次の多項式 $G(x)$ で割り切れるものだけを符号語として採用すると巡回符合になっています．

$$A(x) = a_{n-1}x^{n-1} + a_{n-2}x^{n-2} + \cdots + a_1 x + a_0 \tag{14.4}$$

$$G(x) = g_{n-1}x^{k} + g_{k-1}x^{n-1} + \cdots + g_1 x + g_0 \tag{14.5}$$

$$A(x) = G(x)Q(x), \qquad x^{n-1} - 1 = G(x)Q'(x) \tag{14.6}$$

$G(x)$ の次数が高いほど，付加するビット数が増えることになり，訂正機能を大きくすることができます．

§ 例題 14.7§　$A(x)=Q(x)G(x)$ において，$Q(x)$ を 3 ビット通報に対応する 2 次以下の任意の多項式，$G(x)$ を生成多項式 $G(x)=x^4+x^3+x^2+1$ とするとき，$A(x)$ に対応する符号語を示しなさい．

† 解答 †

2 次以下の全ての多項式に対応する $A(x)$ と符号語は次の表のようになります．

通報	$Q(x)$	$A(x)=Q(x)(x^4+x^3+x^2+1)$	符号語
000	0	0	0000000
001	1	$+x^4+x^3+x^2+1$	0011101
010	x	$+x^5+x^4+x^3+x$	0111010
011	$x+1$	$+x^5+x^2+x+1$	0100111
100	x^2	$x^6+x^5+x^4+x^2$	1110100
101	x^2+1	$x^6+x^5+x^3+1$	1101001
110	x^2+x	$x^6+x^3+x^2+x$	1001110
111	x^2+x+1	x^6+x^4+x+1	1010011

◇ 排他的論理和では $x^k+x^k=0$ ですから $-x^k=x^k$ です．

◇ $G(x)$ は x^7-1 を割り切るので，上の符号語は巡回符号となります．前ページの表と比べると，同じ構成になっていることがわかります．

◇ ハミング距離は 4 になっています．

§ 例題 14.8§　$G(x)=x^4+x^3+x^2+1$ は x^7-1 を割り切ることを示しなさい．

† 解答 †

$-x^k=x^k$ を用いて $x^7-1=x^7+1$．計算途中でもこの関係を用いて，次のように計算することができます．

$$
\begin{array}{r|llllll}
 & x^3 & +x^2 & +1 & & & \\
\hline
x^4+x^3+x^2+1 \;) & x^7 & +1 & & & & \\
 & x^7 & +x^6 & +x^5 & +x^3 & & \\
\hline
 & & +x^6 & +x^5 & +x^3 & +1 & \\
 & & +x^6 & +x^5 & +x^4 & +x^2 & \\
\hline
 & & & & +x^4 & +x^3 & +x^2 \;\; +1 \\
 & & & & +x^4 & +x^3 & +x^2 \;\; +1 \\
\hline
 & & & & & & 0
\end{array}
$$

章末問題14

1 (1) $x=y=0$, (2) $x=0$, $y=1$, (3) $x=1$, $y=0$, (4) $x=y=1$ に対し次の演算を行って表にまとめなさい. (a) $x \vee \overline{y}$, (b) $\overline{x} \wedge y$, (c) $\overline{x} \vee \overline{y}$, (d) $\overline{x} \wedge \overline{y}$

2 符号語 10100011 を多項式表示しなさい．また, $x^6+x^4+x^3+1$ で示される 8 ビットの符号語を書きなさい.

3 符号 00000 とハミング距離が 3 である 2 元符号を列挙しなさい.

4 図 14.4 のパリティチェックビットを，情報ビットを用いて数式で表しなさい.

5 $A(x)=Q(x)G(x)$ において, $Q(x)$ を 4 ビット通報に対応する 3 次以下の任意の多項式, $G(x)$ を生成多項式 $G(x)=x^3+x+1$ とするとき, $A(x)$ に対応する符号語を示しなさい.

6 $A(x)=x^6-1$ を $G(x)=x^4+x^3+x^2+1$ で割るとどうなりますか？

†ヒント†

1 例えば (1) に対し, $x \vee \overline{y}=1$, (b) $\overline{x} \wedge y=0$, (c) $\overline{x} \vee \overline{y}=1$, (d) $\overline{x} \wedge \overline{y}=1$

2 符合長が n の場合，最上位は $a_{n-1}x^{n-1}$.

3 異なった 3 個所を選ぶ方法は ${}_5C_3$ 通りあります.

4 例えば $c_1=a_{11} \oplus a_{12} \oplus \cdots \oplus a_{1k}$ etc.

5 1 が 3 個あるハミング距離が 4 の 8 ビット巡回符号と，1 が 4 個あるハミング距離が 4 の 8 ビット巡回符号の 2 組の符号ができます.

6 あまりが x^3+x^2+x+1 になります.

付　　録

A.1　国際単位系 (SI)

基本単位

量	記号	単位	表現	単位間関係
長　さ	l	meter	〔m〕	10^2〔cm〕
質　量	m	kilogram	〔kg〕	10^3〔g〕
時　間	t	second	〔s〕	
温　度	T	kelvin	〔K〕	0〔°C〕$\cong$ 273〔K〕
電　流	I	ampere	〔A〕	〔C/s〕

組立単位

量	記号	定義	単位	単位間関係
力	$\boldsymbol{F}$		〔N〕	〔kg·m/s^2〕
エネルギー	W	仕事，熱量も同じ	〔J〕	〔N·m〕
圧力	$\boldsymbol{P}$	〔mbar〕=〔hPa〕	〔Pa〕	〔N/m^2〕
電力	P		〔W〕	〔J/s〕
周波数	f		〔Hz〕	〔1/s〕
電気量，電荷	Q	$Q = \int I dt$	〔C〕	〔A·s〕
電界の強さ	$\boldsymbol{E}$	$-\nabla V = \boldsymbol{F}/Q$	〔V/m〕	〔N/C〕
電位，電圧	V	$\boldsymbol{E} = -\nabla V$	〔V〕	〔W/A〕

量	記号	定義	単位	単位間関係
電束密度	$\boldsymbol{D}$	$\varepsilon\boldsymbol{E}$	〔$\mathrm{C/m^2}$〕	
電束	Ψ	$\int_S \boldsymbol{D}\cdot d\boldsymbol{S}$	〔C〕	〔A·s〕
静電容量	C	Q/V	〔F〕	〔C/V〕
誘電率	ε	$\boldsymbol{D}=\varepsilon\boldsymbol{E}$	〔F/m〕	〔C/V·m〕
比誘電率	ε_r	$\varepsilon/\varepsilon_0$	無次元	
電流密度	$\boldsymbol{J}$	$I=\int\boldsymbol{J}\cdot d\boldsymbol{S}$	〔$\mathrm{A/m^2}$〕	
導電率	σ	$\boldsymbol{J}=\sigma\boldsymbol{E}$	〔S/m〕	〔A/V·m〕
磁界の強さ	$\boldsymbol{H}$	$-\nabla U$	〔A/m〕	
磁位，磁位差	U	$\boldsymbol{H}=-\nabla U$	〔A〕	
磁束密度	$\boldsymbol{B}$	$\mu\boldsymbol{H}$	〔T〕	〔$\mathrm{Wb/m^2}$〕
磁束	Φ	$\int_S \boldsymbol{B}\cdot d\boldsymbol{S}$	〔Wb〕	〔V·s〕
透磁率	μ	$\boldsymbol{B}=\mu\boldsymbol{H}$	〔H/m〕	〔Wb/A·m〕
比透磁率	μ_r	μ/μ_0	無次元	
インピーダンス	Z	$R+jX$	〔Ω〕	〔V/A〕
抵抗	R	インピーダンス実部	〔Ω〕	
リアクタンス	X	インピーダンス虚部	〔Ω〕	
インダクタンス	L	Φ/I	〔H〕	〔Wb/A〕
アドミタンス	Y	$1/Z=G+jB$	〔S〕	〔1/Ω〕
コンダクタンス	G	アドミタンス実部	〔S〕	〔A/V〕
サセプタンス	B	アドミタンス虚部	〔S〕	

A.2 主要定数

物理定数

重力の加速度	9.807	〔m/s^2〕
標準気圧	1.013×10^3	〔Pa〕
ボルツマンの定数	1.38×10^{-23}	〔J/K〕
氷点の絶対温度	273.18	〔K〕
電子の電荷	1.60×10^{-19}	〔C〕

導電率　σ〔S/m〕

銀	6.17×10^7	海水	$3 \sim 5$
銅	5.80×10^7	淡水	$(1 \sim 10) \times 10^{-3}$
金	4.10×10^7	湿地	$10^{-2} \sim 10^{-3}$
鉄	1×10^7	乾地	$10^{-4} \sim 10^{-5}$

比誘電率　ε_r

空気	1.000536	磁器	5.7
油	2.3	乾地	$3 \sim 4$
硝子	$3.5 \sim 10$	海水	72
ポリエチレン	2.3	淡水	80

比透磁率　μ_r

空気	$1 + 3.65 \times 10^{-7}$	ニッケル	250
アルミニウム	1.000214	コバルト	600
銅	0.99999	鉄	4,000
水	0.99999	ミューメタル	100,000

A.3 三角関数・双曲線関数

$$\sin(2\alpha) = 2\sin\alpha\cos\alpha$$

$$\cos(2\alpha) = 1 - 2\sin^2\alpha = 2\cos^2\alpha - 1$$

$$\sin\frac{\alpha}{2} = \pm\sqrt{\frac{1-\cos\alpha}{2}}$$

$$\cos\frac{\alpha}{2} = \pm\sqrt{\frac{1+\cos\alpha}{2}}$$

$$\sin(\alpha \pm \beta) = \sin\alpha\cos\beta \pm \cos\alpha\sin\beta$$

$$\cos(\alpha \pm \beta) = \cos\alpha\cos\beta \mp \sin\alpha\sin\beta$$

$$\sin\alpha + \sin\beta = 2\sin\frac{\alpha+\beta}{2}\cos\frac{\alpha-\beta}{2}$$

$$\cos\alpha + \cos\beta = 2\cos\frac{\alpha+\beta}{2}\cos\frac{\alpha-\beta}{2}$$

$$2\cos\alpha\sin\beta = \sin(\alpha+\beta) - \sin(\alpha-\beta)$$

$$2\cos\alpha\cos\beta = \cos(\alpha+\beta) + \cos(\alpha-\beta)$$

$$e^{j\theta} = \cos\theta + j\sin\theta$$

$$(\cos\theta + j\sin\theta)^k = \cos k\theta + j\sin k\theta$$

$$\sin\theta = \frac{e^{j\theta} - e^{-j\theta}}{2j}, \quad \cos\theta = \frac{e^{j\theta} + e^{-j\theta}}{2}$$

$$e^x = \cosh x + \sinh x$$

$$\sinh x = \frac{e^x - e^{-x}}{2}, \quad \cosh x = \frac{e^x + e^{-x}}{2}$$

$$\sinh(jx) = j\sin x, \quad \cosh(jx) = \cos x$$

$$\tanh(jx) = j\tan x$$

$$\sinh(x \pm y) = \sinh x\cosh y \pm \cosh x\sinh y$$

$$\cosh(x \pm y) = \cosh x\cosh y \pm \sinh x\sinh y$$

A.4 ベクトル公式

ベクトル積の公式

$$\boldsymbol{A}\cdot(\boldsymbol{B}\times\boldsymbol{C}) = \boldsymbol{B}\cdot(\boldsymbol{C}\times\boldsymbol{A}) = \boldsymbol{C}\cdot(\boldsymbol{A}\times\boldsymbol{B})$$
$$\boldsymbol{A}\times(\boldsymbol{B}\times\boldsymbol{C}) = (\boldsymbol{A}\cdot\boldsymbol{C})\boldsymbol{B} - (\boldsymbol{A}\cdot\boldsymbol{B})\boldsymbol{C}$$
$$\boldsymbol{A}\times(\boldsymbol{B}\times\boldsymbol{C}) + \boldsymbol{B}\times(\boldsymbol{C}\times\boldsymbol{A}) + \boldsymbol{C}\times(\boldsymbol{A}\times\boldsymbol{B}) = 0$$
$$(\boldsymbol{A}\times\boldsymbol{B})\cdot(\boldsymbol{C}\times\boldsymbol{D}) = (\boldsymbol{A}\cdot\boldsymbol{C})(\boldsymbol{B}\cdot\boldsymbol{D}) - (\boldsymbol{A}\cdot\boldsymbol{D})(\boldsymbol{B}\cdot\boldsymbol{C})$$

∇ 演算子の公式

$$\nabla(\phi\psi) = \psi\nabla\phi + \phi\nabla\psi$$
$$\nabla\cdot(\phi\boldsymbol{A}) = \phi\nabla\cdot\boldsymbol{A} + \boldsymbol{A}\cdot\nabla\phi$$
$$\nabla\times(\phi\boldsymbol{A}) = \phi\nabla\times\boldsymbol{A} + \nabla\phi\times\boldsymbol{A}$$
$$\nabla\times\nabla\phi = 0$$
$$\nabla\cdot\nabla\times\boldsymbol{A} = 0$$
$$\nabla\times\nabla\times\boldsymbol{A} = \nabla\nabla\cdot\boldsymbol{A} - \nabla^2\boldsymbol{A}$$
$$\nabla(\boldsymbol{A}\cdot\boldsymbol{B}) = (\boldsymbol{A}\cdot\nabla)\boldsymbol{B} + (\boldsymbol{B}\cdot\nabla)\boldsymbol{A} + \boldsymbol{A}\times(\nabla\times\boldsymbol{B}) + \boldsymbol{B}\times(\nabla\times\boldsymbol{A})$$
$$\nabla\cdot(\boldsymbol{A}\times\boldsymbol{B}) = \boldsymbol{B}\cdot\nabla\times\boldsymbol{A} - \boldsymbol{A}\cdot\nabla\times\boldsymbol{B}$$
$$\nabla\times(\boldsymbol{A}\times\boldsymbol{B}) = \boldsymbol{A}\nabla\cdot\boldsymbol{B} - \boldsymbol{B}\nabla\cdot\boldsymbol{A} + (\boldsymbol{B}\cdot\nabla)\boldsymbol{A} - (\boldsymbol{A}\cdot\nabla)\boldsymbol{B}$$

ベクトル積分公式

$$\int_v \nabla\phi dv = \int_S \phi d\boldsymbol{S}$$
$$\int_v \nabla\cdot\boldsymbol{A}dv = \int_S \boldsymbol{A}\cdot d\boldsymbol{S} \quad \text{（ガウスの定理）}$$
$$\int_v \nabla\times\boldsymbol{A}dv = -\int_S \boldsymbol{A}\times d\boldsymbol{S} \quad \text{（ベクトルガウスの定理）}$$
$$\int_S \nabla\phi\cdot d\boldsymbol{S} = -\oint_c \phi d\boldsymbol{s}$$
$$\int_S \nabla\times\boldsymbol{A}\cdot d\boldsymbol{S} = \oint_c \boldsymbol{A}\cdot d\boldsymbol{s} \quad \text{（ストークスの定理）}$$

A.5 微分・積分公式

$$\{f(x)g(x)\}' = f'(x)g(x) + f(x)g'(x)$$

$$\left(\frac{g(x)}{f(x)}\right)' = \frac{g'(x)f(x) - g(x)f'(x)}{\{f(x)\}^2}$$

$$(x^\alpha)' = \alpha x^{\alpha-1} \quad \alpha\text{は定数}$$

$$(e^x)' = e^x$$

$$(\log x)' = \frac{1}{x} \quad (x > 0)$$

$$(\sin x)' = \cos x, \qquad (\cos x)' = -\sin x$$

$$(\tan x)' = \sec^2 x, \qquad (\cot x)' = -\csc^2 x$$

$$(\sin^{-1} x)' = \frac{1}{\sqrt{1-x^2}} \quad \left(-\frac{\pi}{2} < \sin^{-1} x < \frac{\pi}{2}\right)$$

$$(\sinh x)' = \cosh x, \quad (\cosh s)' = \sinh x$$

$$\int f(x)g'(x)dx = f(x)g(x) - f'(x)\int f'(x)g(x)dx$$

$$\int x^n dx = \frac{x^{n+1}}{n+1}\ (n \neq -1), \quad = \log x\ (n = -1)$$

$$\int e^x dx = e^x$$

$$\int \log x dx = x \log x - x$$

$$\int \sin x dx = -\cos x, \quad \int \cos x dx = \sin x$$

$$\int \tan x dx = -\log\cos x, \quad \int \cot x dx = \log\sin x$$

$$\int \frac{1}{1+x^2}dx = \tan^{-1} x, \quad \int \frac{1}{\sqrt{1-x^2}}dx = \sin^{-1} x$$

$$\int \frac{1}{|x|\sqrt{x^2-1}}dx = \sec^{-1} x$$

$$\int \frac{1}{\sqrt{x^2 \pm 1}}dx = \log(x + \sqrt{x^2 \pm 1})$$

A.6 関数の展開

$$\begin{aligned}
f(a+h) &= \sum_{k=0}^{n-1} \frac{h^k}{k!} f^{(k)}(a) + R_n \quad \text{Taylor の定理} \\
f(x) &= \sum_{k=0}^{n-1} \frac{x^k}{k!} f^{(k)}(0) + R_n \quad \text{Maclaulin の定理} \\
(1+x)^k &= \sum_{n=0}^{\infty} {}_nC_k x^n \quad (|x|<1,\ k: \text{実数}) \\
\cos x &= 1 - \frac{x^2}{2!} + \frac{x^4}{4!} - \cdots + (-1)^k \frac{x^{2k}}{(2k)!} + \cdots \\
\sin x &= x - \frac{x^3}{3!} + \frac{x^5}{5!} - \cdots + (-1)^k \frac{x^{2k+1}}{(2k+1)!} + \cdots \\
\tan x &= x + \frac{1}{3}x^3 + \frac{2}{15}x^5 + \cdots \\
\log(1+x) &= x - \frac{x^2}{2} + \frac{x^3}{3} - \cdots + \frac{(-1)^{n-1}}{n}x^n + \cdots \\
e^z &= 1 + \frac{z}{1!} + \frac{z^2}{2!} + \cdots + \frac{z^n}{n!} + \cdots \quad (z \text{ は複素数})
\end{aligned}$$

◇ Taylor, Maclaulin の条件，R_n 等は専門書を参照してください．

◇ $\sin z$，$\cos z$ も $\sin x$，$\cos x$ と同様に展開できます．

参考 ◇ $|x| \ll 1$ の場合の近似式

上記の展開式から次の近似式を得ることができます．

$$\begin{aligned}
\cos x &\cong 1 - \frac{x^2}{2} \cong 1, \quad \sin x \cong x - \frac{x^3}{6} \cong x \\
\tan x &\cong x + \frac{x^3}{3} \cong x \\
(1+x)^k &\cong 1 + kx \\
e^x &\cong 1 + x + \frac{x^2}{2} \cong 1 + x \\
\ln(1+x) &\cong x - \frac{x^2}{2} \cong x
\end{aligned}$$

◇ 三角関数における x は〔rad〕です．1〔rad〕$\cong$ 57.3〔deg〕です．

A.7 ガウス分布

確率密度関数

平均値が m，標準偏差が σ のガウス分布確率密度関数は次式で表されます．

$$f(x) \quad = \quad \frac{1}{\sqrt{2\pi\sigma^2}}e^{-(x-m)^2/(2\sigma^2)} \tag{A.1}$$

$m=0$ の場合の $f(x)/\sqrt{2\pi\sigma^2}$ を図示すると図 A.1 のようになります．

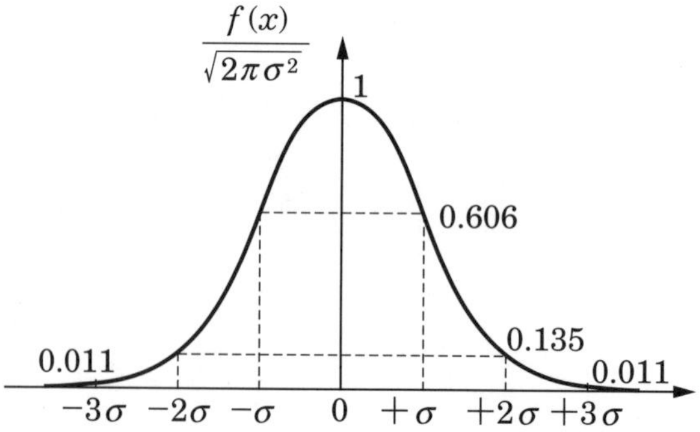

図 **A.1**　ガウス分布

3σ の法則

ガウス分布の場合，X の値が $m \pm 3\sigma$ 内にある確率（確率密度関数の -3σ から $+3\sigma$ 間の面積）は約 0.997，すなわち，3σ を外れる確率は 3/1000 しかありません．これを**ガウス分布の 3σ の法則**といいます．ちなみに 1σ, 2σ 内にある確率はそれぞれ約 0.683, 0.955 となります．また，分布の形に関係なく X の値が $m \pm 3\sigma$ を外れる確率は 0.11 以下になります．

中心極限定理

互いに独立な確率変数 X_i, $i=1,2,\cdots,n$ の平均と分散を m_i, σ_i^2 とするとき，確率変数の和 $Y_n = X_1+X_2+\cdots+X_n$（Y_n の平均値は $m=m_1+m_2+\cdots+m_n$, 分散は $\sigma^2=\sigma_1^2+\sigma_2^2+\cdots+\sigma_n^2$）は $n \to \infty$ のとき，ガウス分布に漸近します．これを**中心極限定理**といいます．

A.8 単位の名称（接頭語）

日本読み	名称	表示	倍数
エクサ	exa	E	10^{18}
ペタ	peta	P	10^{15}
テラ	tera	T	10^{12}
ギガ	giga	G	10^{9}
メガ	mega	M	10^{6}
キロ	kilo	k	10^{3}
ヘクト	tera	h	10^{2}
デカ	daca	da	10
デシ	deci	d	10^{-1}
センチ	centi	c	10^{-2}
ミリ	mili	m	10^{-3}
マイクロ	micro	μ	10^{-6}
ナノ	nano	n	10^{-9}
ピコ	pico	p	10^{-12}
フェムト	femto	f	10^{-15}
アト	atto	a	10^{-18}

A.9 ギリシャ文字

小文字	大文字	読み	日本読み
α	A	alpha	アルファ
β	B	beta	ベータ
γ	$\varGamma$	gamma	ガンマ
δ	$\varDelta$	delta	デルタ
ϵ, ε	E	epsilon	イプシロン
ζ	Z	zeta	ツエータ
η	H	eta	エータ
θ, ϑ	$\varTheta$	theta	シータ
ι	I	iota	イオタ
κ	K	kappa	カッパ
λ	$\varLambda$	lambda	ラムダ
μ	M	mu	ミュー
ν	N	nu	ニュー
ξ	$\varXi$	xi	クシー，グザイ
o	O	omicron	オミクロン
π, ϖ	$\varPi$	pi	パイ
ρ, ϱ	P	rho	ロー
σ, ς	$\varSigma$	sigma	シグマ
τ	T	tau	タウ
υ	$\varUpsilon$	upsilon	ウプシロン
ϕ, φ	$\varPhi$	phi	ファイ
χ	X	chi	カイ
ψ	$\varPsi$	psi	プサイ，プシー
ω	$\varOmega$	omega	オメガ

参考文献

[1] 林紘一郎：電子情報通信産業，電子情報通信学会，2002

[2] JIS Z 8203：国際単位系 (SI) 及びその使い方，日本規格協会，2000

[3] D.K.Cheng : Field and Wave Electromagnetics, Addison-Wesley, 1989

[4] 東京電機大学編：電磁気学，東京電機大学出版局，1978

[5] 泉信一他：数学公式，共立出版，1991

[6] M.Schwartz : Information Transmission, Modulation and Noise, McGraw-Hill, 1990

[7] N.C.Mohnaty : Signal Processing, Van Nostrand, 1987

[8] 藤本京平：入門電波応用，共立出版，1993

[9] 堀内淑子：基本情報技術者試験，東京電機大学出版局，2001

[10] 南敏：情報理論，産業図書，1990

[11] 今井秀樹：情報理論，昭晃堂，1989

[12] 小沢一雅：情報理論の基礎，国民科学社，1989

[13] 藤田広一：基礎情報理論，昭晃堂，1989

[14] 関英男：雑音，岩波全書，1958

[15] 桑原守二：ディジタル移動通信，科学新聞社，1992

[16] 日経 BP：通信・ネットワーク用語ハンドブック，日経 BP，2000

[17] 村上伸一：画像通信工学，東京電機大学出版局，1994

[18] 吉岡秀人：ビクトリア現代新百科，学研，1974

[19] 三輪進：高周波電磁気学，東京電機大学出版局，2002

[20] 三輪進，加来信之：アンテナおよび電波伝搬，東京電機大学出版局，2001

[21] 三輪進：電波の基礎と応用，東京電機大学出版局，2000

[22] 三輪進：高周波の基礎，東京電機大学出版局，2002

索　引

〈著者紹介〉

三輪　進（みわ　すすむ）

学　歴　東京大学工学部電気工学科卒業（1953）
　　　　工学博士（1986）
職　歴　三菱電機株式会社入社（1953）
現　在　東京電機大学名誉教授

情報通信基礎

2003年3月10日　第1版1刷発行

著　者　三輪　進

発行者　学校法人　東京電機大学
　　　　代 表 者　丸 山 孝 一 郎
発行所　東京電機大学出版局
　　　　〒101-8457
　　　　東京都千代田区神田錦町2-2
　　　　振替口座　00160-5-　71715
　　　　電話　(03)5280-3433(営業)
　　　　　　　(03)5280-3422(編集)

印刷　三美印刷㈱
製本　渡辺製本㈱
装丁　高橋壮一

ISBN4-501-32270-5　C3055

電気通信工学関連図書

理工学講座
電気通信概論　第3版
通信システム・ネットワーク・マルチメディア通信

荒谷孝夫 著
A5判　226頁　2色刷
インターネット，ISDN等，最新のマルチメディア通信も解説した，電気通信の初学社向け教科書。

理工学講座
高周波電磁気学

三輪進 著
A5判　228頁
電磁気学を基礎に，アンテナ，電波伝搬，高周波回路等の理解に必要な理論を簡潔に解説。

理工学講座
電波の基礎と応用

三輪進 著
A5判　178頁
電波の基礎から，主なシステムや機器，応用までを幅広く網羅し，初学者のために平易に解説。

Mathematicaによる通信工学

榛葉實 著
A5判　180頁
無線工学の基礎知識がある人を対象に，回路理論・電磁気・無線通信・光ファイバ等をMathematicaを用いて解説した。

ディジタル移動通信方式　第2版
基本技術からIMT-2000まで

山内雪路 著
A5判　158頁
移動体通信の基礎を技術的観点から解説したベストセラーの改訂版。携帯電話やPHS等の急速な普及に伴う最近のディジタル通信環境の変化に対応。

理工学講座
通信ネットワーク

荒谷孝夫 著
A5判　234頁
電話網，移動通信，ISDN等，実用性が評価されている現行の主要な公衆ネットワークを取り上げ，その仕組みと構成要素を工学的な立場から解説。

理工学講座
アンテナおよび電波伝搬

三輪進/加来信之 共著
A5判　176頁
アンテナと電波伝搬の主要な項目を平易に解説した初学者向けテキスト。解説と関連図表を見開きに配したレイアウトで理解が深まる。

理工学講座
光ファイバ通信概論

榛葉實 著
A5判　130頁
最近の光ファイバ通信の主要技術について，内容を厳選し，ページ数を増やさず必要事項を記述。

スペクトラム拡散通信
次世代高性能通信に向けて

山内雪路 著
A5判　168頁
携帯電話やカーナビゲーション等の移動通信実現に必要不可欠な次世代高性能無線システムであるスペクトラム拡散通信の，特徴や原理を平易に解説。

モバイルコンピュータのデータ通信

山内雪路 著
A5判　288頁
モバイルコンピューティング環境を支える要素技術の一つであるデータ通信技術全般を平易に解説。データ通信技術習得のための必読の一冊。